Knowledge BASE 系列

一冊通曉 好奇＋想像力＋追根究柢的科學精神

圖解 物理學 更新版

山田弘 著　顏誠廷 譯

U0030480

由圖像建立物理觀念
以想像力登上物理殿堂

文◎牟中瑜（國立清華大學物理學系講座教授）

許多物理重大突破均源自生動的想像
圖像式思考是想像的重要延伸

物理學自十七世紀後即有突破性的發展，在一些領域上的進展，如牛頓力學、電磁學、相對論與量子力學的發展，不僅將人類的知識向前推進，並帶動了科技的進步。許多科技的產品來自物理學的進展，例如人造衛星的發射使用了牛頓力學與牛頓重力定律、用來接收電磁波的電視機是電磁學的最佳說明實例、全球衛星導航系統使用了相對論，而電腦的發明則來自以量子力學為基礎的半導體物理。

雖然這些科技的產品已直接影響到人類的日常生活，然而多數的人並不清楚其背後的物理，而當提到物理時，仍然覺得那是一個距離遙遠、困難且令人生畏的學科。造成這樣的印象，部分的原因是大多數與物理有關的讀本都太嚴肅並缺乏想像的空間。實際上，物理學上許多重要的突破都來自超凡與生動的想像，而非來自機械制式的想法。

近代最著名的例子就是愛因斯坦，當愛因斯坦在十六歲——相當於目前的高中一年級時——就已經想像騎在光束上會見到的景象，對這個問題的持續關注與執著思考，最後導致他發現了相對論。除了想像在光束上馳騁外，愛因斯坦更經常藉由思想上的實驗來檢驗他的想法，因此他聲稱想像比知識更為重要。而本書所採用的圖像式思考正是想像的重要延伸，是學習物理學的一個重要方式，但卻也是過去國內物理教育比較欠缺的。

**數學公式非學習物理的目的
而是追求圖像式思考的重要媒介**

　　物理學是講求精確的科學,而講求精確可說是造成物理學困難而令人生畏之印象的主要原因。然而為了精確,物理學中常需要使用數學式子來精確陳述重要的結論或結果,因此使用數學或以數學推導在學習物理中是不可避免的。不過,數學的使用卻往往成為多數人學習物理學的障礙,以為使用數學是唯一了解或說明物理的途徑。

　　這樣的認知常常使許多人在學習物理時,注意力集中在數學的推導而被數學牽著走,忽視了物理圖像,因而往往在學習一些課題後,無法掌握這些課題的要點。實際上,為了精確,物理學雖然大量使用數學,但其目的在協助我們得到所謂的物理圖像,數學的推導只是輔助推導精確的結果。這些所得到的物理圖像可說是圖像式思考的基礎,指的是以生動圖像的方式理解精確的結果,因此在經過必需的數學推導之後,一定要再回顧整個推導的邏輯,並勾畫出問題或結論所獲得的圖像,才能掌握重點,比較有效地學習物理。

＊　　＊　　＊　　＊　　＊

　　本書來自日本,為針對業餘的物理讀者所寫的一本高中程度的物理讀本。除了以口語式的說明取代直接的數學式,作者透過使用大量而生動的圖片,讓讀者知道每一單元的重點及其圖像。書中內容先大致說明了物理學的概要、架構以及宇宙觀,再透過之後的章節,循序漸進地介紹四大物理基礎領域。建議讀者讀完全書後,可再重讀剛開始的章節,如此可更有助於了解物理學的全貌。此外,本書主要特點是在文字說明的同時,一定配合圖片的解說,充分掌握了學習物理時需注重「圖像式思考」的要點,相信讀者在圖文合併的解說下,都能夠清楚地掌握到物理的重點。

　　了解物理學是掌握現代科技的第一步,希望這本書的引用,能帶動國內物理界以更活潑生動的方式來介紹與物理相關的課題,打破物理是一門生硬學科的印象,讓更多的人能體會到物理學的奧妙。

愉快學習物理
體驗物理美妙之處

　　有一種人稱做「業餘的愛好者」，就像筆者這樣雖然喜歡音樂，卻不太會彈奏樂器。要能自在地演奏鋼琴或小提琴等樂器，必須熟練許許多多的練習曲才行，相當地辛苦；而身為一個外行人，多麼希望那些練習曲無論聽起來或彈起來，都能夠令人樂在其中。

　　不管是哪個領域，應該都會有人抱著類似像這樣的期望。在學習物理時，一定也有許多人希望能更簡易地理解那些重要的內容吧。

　　如果把高中的物理課本拿出來翻閱的話，以一個物理學家的角度來看，其實已經編寫得非常好了，但大多數的人卻會感覺到枯燥乏味，似乎無論如何就是無法耐著性子學習下去。有個朋友對我說，這是因為現代人大多非常急躁的關係。換句話說，對這些性急的讀者們而言，很需要有一本讓他們能夠念得下去的物理學習書。

　　也就是因為如此，我認為必須要有一本書籍能夠以新的視點切入，讓人們可以愉快地理解物理學。而此書正是這樣一本特別量身打造的書籍，專門針對那些對物理十分感興趣，但讀了不少各式各樣的入門書卻還是腦袋一片漿糊的人，或是以往學習過物理但老覺

得消化不良，以及剛開始學習物理，想找本合適的入門書來看的讀者們。

　　本書以容易理解的方式來解說艱澀的物理專有名詞，並且盡量使用簡短但能清楚理解的語句，來描述重要的方程式與原理，此外也使用了大量的插圖，希望能讓讀者藉由本書了解學習物理的重點。

　　本書的內容主要涵蓋力學、波動學、熱學以及電學等物理基礎領域，要想精通物理，最好先要能清楚地了解物理學的全貌。除此之外，有許多物理現象當從某些特定領域的邏輯來看時雖然不易了解，但在學習到其他領域而改變思考的視點後，卻意外地就變得能夠輕易地理解。其中一個很好的例子就是量子力學。由於量子力學在理解電子學時是不可或缺的，因此最近日本的高中物理也開始觸及基本粒子的特徵等內容；而本書亦在書末的「附錄」中，以易於理解的方式，針對基本粒子的特徵加以解說。

　　相信讀者在讀過本書之後，都能夠清楚地掌握到物理的重點。物理是一種「對自然界背後的原理追根究底的科學」，希望這本書可以讓更多的人體會到物理的美妙之處，體會到當能夠了解身旁所發生大大小小現象的緣由時的那種喜悅。

山田弘

圖解物理學

第 1 章
探訪物理的世界

目次

第 2 章
力學為物理之鑰

第 3 章
探討波與光

目次

第 4 章
「熱力學」一點也不難

第 5 章
到底什麼是「電」？

目次

第 6 章
一窺電磁的世界

附錄 基本粒子的世界充滿趣味！

第 **1** 章

探訪物理的世界

01 解答「為什麼」即物理的精髓

 回答身旁的種種「為什麼」

物理和化學、生物學、地質學、天文學一樣，都是屬於理科的一部分；但無論是化學、生物學、地質學或是天文學，一旦要對其中所出現的問題持續追根究柢下去的話，就會回到了物理的領域。這是因為物理正是解明「自然界中森羅萬象的緣由」的科學。換句話說，「物理學」就是不斷地以詢問「為什麼？」這樣的角度，來研究世界上的種種現象。

用物理學的方式來思考的話，以往覺得不可思議的現象就能一一獲得解釋，這正是物理有趣之處。當然，以人類目前所擁有的物理知識，並不足以理解世界上的所有現象；有些現象固然已經能夠得到很充分的說明，但仍無法加以解釋的現象還是相當地多。換句話說，以尋求「為什麼？」的解答為目標的物理，還留有無限廣大的樂趣正等待著我們去發掘。

 環繞在日常四周的物理

在右頁的插圖裡，隱藏著許多物理的定律。舉例來說，我們之所以能享受音樂的美妙，是因為一種稱為「音波」的波動傳送到我們的耳膜的關係；而椅子的構造中，也隱含著力學的背景。我們就是住在這樣一個即使沒有特別去意識，但物理依然無處不在的世界裡。其他諸如「為什麼我們看得見夜裡的星星？」、「為什麼會吹起西風？」等等，還有許多自然現象都能夠以物理來加以說明。除此之外，在了解日常生活中所使用的洗衣機、電視、

電話、電車與電腦等設備的機能時，物理知識也是不可或缺的；人類為了日後的發展，同樣必須更加地了解物理。本書所涵蓋的內容雖然只是物理中的一小部分，但只要一步步地讀下去，相信就能夠對許多現象的原理有更深一層的認識。

● 環繞在日常四周的物理

02 為何物理中一定要有數學式

以數學式來表示的話，就能讓人一目了然

物理中有許許多多的定律，這些定律幾乎都被寫成了數學式。之所以會如此，並不是因為不用數學式就無法說明這些物理定律，而是因為少了數學式的話，說明時將會變得十分冗長，而且難以理解，甚至會產生錯誤的解釋。相對地，數學式不但可以巧妙地傳達內容，也不必擔心解釋錯誤，其角色就如同人人都懂的共通語言一樣。

定律一旦寫成了數學式，不管是誰都可以直接從式子來了解物理現象。幸運的是，用來表示重要定律的數學式大都非常地簡潔，像是「（作用力）＝（質量）×（加速度）」這個用來表示牛頓運動方程式的式子，就是一個很好的例子。

在預測現象時必須要有數學式

有許多人喜歡以望遠鏡來進行天體觀測，像「日全食觀測旅行團」等等的也相當熱門，甚至有人會為此跑到偏遠的國外。以現階段來說，人類已經可以正確地預測出在地球的何處以及何時會發生日食或月食（反而是隔天的天氣難以預測）。

此外，藉由力學也可以很容易地知道以每秒四十公尺的速度往四十五度斜角打擊出去的棒球，會在多久之後掉落於何處。物理學的出發點就是希望「只要知道了某個條件後，就能預測出其後的狀況」。

最能夠被確實地預測出未來狀態的，就是能夠以數學式來表

示的現象。當數學式愈簡單時，則其預測時就愈能夠發揮威力。物理就是藉由不斷重覆將某個現象寫成數學式，再以該數學式預測新的現象這樣的過程而發展起來的。

最令人驚訝的是，用來表示物理定律的數學式大多非常地簡單，簡直就像是上帝因為憐憫人類的勤奮，而特意創造出以簡潔的式子就能夠加以表示的自然定律一般。

● 把定律變成數學式會更加地便利

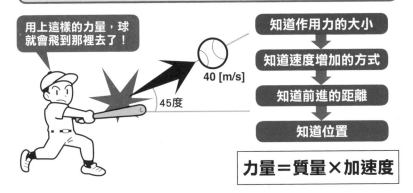

用上這樣的力量，球就會飛到那裡去了！

40 [m/s]

45度

知道作用力的大小

知道速度增加的方式

知道前進的距離

知道位置

力量＝質量×加速度

● 預測砲彈的落點是初級物理的應用

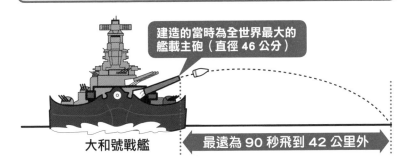

建造的當時為全世界最大的艦載主砲（直徑 46 公分）

大和號戰艦

最遠為 90 秒飛到 42 公里外

03 支撐物理的五大支柱

物理的起點是「力學」

翻開高中的物理教科書，可以注意到內容主要分成了「力學、熱、波動、電」四大領域。若應用目前已知的物理定律回過頭來觀察自然現象的話，可以發現當中其實有許多現象非常複雜；而物理的發展歷程，就是將這些複雜現象的所有面向一一區分出來、使其能各個被清楚強調，然後盡可能以數學式來表示。通常在學校中所進行的「實驗」，往往也只是「強調某個面向之後所凸顯出來的現象」中的一小部分而已。

雖然所有的自然現象都是由上述四種領域的現象所緊密交織而成，但物理學通常都會將其獨立地切割開來，成為一個個「只屬於該領域的現象」，使自然現象的表述能夠單純化。

換句話說，就像科學領域可以區分成物理、化學、生物學等學科一樣，物理也可以被加以分類，其結果就是如上所述的四種領域。仔細思考一下就會發現，這樣的分類方式其實正是物理學發展的歷史順序，有力地說明了「物理的起點就是力學」這件事。近幾年，高中教科書中也把「量子力學」這個有趣的領域加了進去，而前述四項領域再加上量子力學，就是現代物理學的五大支柱（參見右頁圖解），排列順序愈往後的領域對物質文明的影響也愈大。

力學對於理解各式各樣機械的運作原理時相當重要，而量子力學更是與現今如電子工業等熱門產業廣泛地連結在一起。

在精通物理之前，先能掌握住物理的整體輪廓是非常重要的。

● 高中物理的四個支柱

 力學

 熱

 波

 電

● 掌握住物理的整體輪廓

電子學 量子學

1900年
蒲朗克的量子理論

電學

1827年　歐姆定律
1831年　電磁感應

波動學

1678年　惠更斯「光的波動理論」

物理的基礎
就是力學！

熱學 發電、鍋爐

1662年　波以耳定律

歷史的演進

力學 機械的運作原理

公元前250年左右　槓桿原理
1583年　自由落體定律

「物理入門」的第一道關卡 了解原子的構造

微觀世界的主角

要想了解物理，若能知道原子的構造，將會非常地有幫助。力學中雖然把物體當成是「無關大小、僅具有質量的質點」來看待，但是在其他的物理領域中，「物體的性質」往往對現象的發生具有影響力。

物體的性質所反映出來的正是其組成原子的性質，因此如果能夠知道原子的構造，就能夠很清楚地描繪出物理現象的面貌。例如若具備了與供給電荷的原子有關的知識，就能夠很容易了解有關電的原理與來龍去脈。

原子的構造如右頁上圖所示，其中**質子帶正電，電子帶負電，而中子則為電中性**。在原子中，原子核內的質子數目會與圍繞在原子核四周的電子數目相同；而「原子序」與質子的數目一致，質子數與中子數的總和則稱為「質量數」。

為何固體摩擦之後就會帶電？

即使是很微小的的固體，也會含有大約 10^{23} 個原子；而電子的數量大約是原子的十倍，因此固體中會含有 10^{24} 以上的電子。

原子的能量在高溫之下會增加，便會使得一部分的電子脫離原子，造成原子中缺乏負電荷，而變成帶有正電的離子。當能量愈大時，原子就能夠進行愈激烈的活動，因此也可以將能量類比成人類精力來源的「養分」來想像。

　　舉例來說，若在以尼龍等化學纖維所製成的襯衫上還穿有毛衣，當脫下毛衣時就會產生靜電，冒出劈里啪啦的火花。此外，如果讓玻璃棒與絹布彼此摩擦，玻璃棒就會帶有正電，絹布則是帶有負電。這些都是因為原本在某個物體上的電子藉由摩擦而單方向地移動到另一個物體上，使得固體內的電子總數與原子核內的質子總數產生微小的失衡所造成的現象。

原子的構造

摩擦會產生靜電

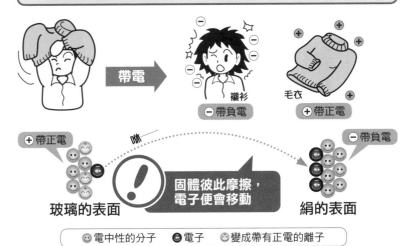

以支配自然的四種作用力
為主軸來學習「物理學」

支配自然界的四種作用力

宇宙大約是在一百五十億年前，由「完全的虛無」中所產生的。所謂「完全的虛無」指的是既沒有時間也沒有空間，當然，所有的物質也都不存在。

在宇宙剛剛誕生時，支配宇宙的作用力只有一種，這種作用力和現在我們所說的「重力」類似。其後，這種作用力也隨著宇宙的成長（也就是膨脹）一同進化，在這個過程中逐漸地分化成四種作用力——「**電磁作用力**」、「**重力**」、「**強作用力**」與「**弱作用力**」。

「電磁作用力」作用於帶有電荷的物體之間，擁有同種電荷的物體間會互相排斥，不同的電荷則會互相吸引。帶電粒子中最具代表性的就是質子與電子，兩者分別帶有正負符號相異的等量電荷。由於質子與電子所帶的電荷量無法再更進一步地細分切割，因此又被稱為「**基本電荷**」。

「重力」就如同其別名「萬有引力」一般，無論兩個物體距離多遠，都會受到彼此重力的作用；但是在原子或分子等質量十分微小的物體之間，重力與其他的作用力相較之下，便顯得非常微弱。舉例來說，如果把質子與質子間的「靜電排斥力」拿來與相同兩質子間「因重力而產生的吸引力」相互比較時，靜電力的大小至少會是重力的 10^{36} 倍之大。

第三種作用力「強作用力」，則僅作用於原子核內這個極為狹小的世界當中。原子核是由帶有正電荷的質子與電中性的中子所組成，這些正電荷之間存在著「排斥力」（在第五章會詳細地

探討），而原子核並沒有因此分崩離析，就是因為有個比電磁作用力更強大的「**強作用力**」作用於這些質子與中子之間，亦即「**核力**」。組成質子和中子等的基本粒子稱為「**夸克**」，而作用於夸克間的強大作用力即是核力。

電子被剝離掉電荷後便會剩下「相當於電子核心的微中子」，而作用於這些微中子之間的即是「**弱作用力**」。由於這種作用力的強度大約只有電磁作用力的一萬分之一，因此被稱為「**弱作用力**」。弱作用力和核力一樣，與日常生活中的現象關係並不密切。

目前為止雖然已經出現了許多物理專有名詞，但到了第二章之後就不會再如此頻繁地出現新名詞了。快快地熟悉這些專有名詞的話，就能夠好好地體驗物理的樂趣！

作用力的分化

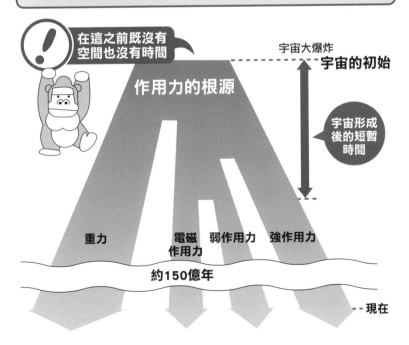

06 物理思考的原點—— 「克卜勒定律」

行星的運動與克卜勒定律

自古以來，規律運行的天體運動就是人類關注的焦點，一直到十七世紀左右，人們都還相信地球是靜止地位於宇宙的中心，而星星則以地球為中心繞行運轉。

十六世紀後半時，一位名叫克卜勒的天文學家在第谷的身邊擔任助手，並根據第谷長期持續地精密觀測行星運動狀態所記錄下來的資料，而推導出與行星運動相關的三項重要定律。

克卜勒第一定律為「**行星是以太陽為中心在橢圓軌道上運轉**」。由於若將行星的運行軌道當成圓形來進行計算時，得出的結果在時間上會產生誤差，於是克卜勒注意到「行星的軌道並非圓形」；再進一步地研究之後，便發現了行星其實是以橢圓形的軌道在繞行著太陽運轉。

克卜勒第二定律則是「**行星與太陽之間連成的線，在一定時間內所掃過的面積是固定的**」，如此一來，當太陽與行星之間的距離短時則公轉速度快，而當太陽與行星之間的距離長時則公轉速度慢。這個定律也可稱為「**等面積定律**」。如右頁圖解所示，行星在一定時間內（例如一個月）於軌道上運行的軌跡（v 與 V），其兩端與太陽連線後所形成的三角形面積必定為定值。這項定律可以表示成：

$$\frac{rv}{2} = \frac{RV}{2}$$

克卜勒第三定律是「**公轉周期的平方與橢圓半徑的三次方成正比**」。行星繞行太陽一周所需的時間稱為「公轉週期」；換句話

說，與太陽距離愈遠的行星，公轉週期就愈長。嚴格說來，這裡所說的「半徑」指的其實是橢圓半長軸的長度。

● 克卜勒定律

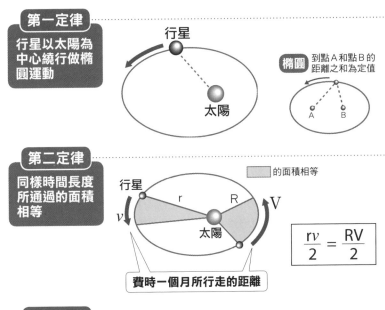

第一定律

行星以太陽為中心繞行做橢圓運動

行星

太陽

橢圓 到點A和點B的距離之和為定值

A　B

第二定律

同樣時間長度所通過的面積相等

的面積相等

行星

r　　R　　V

v

太陽

$$\frac{rv}{2} = \frac{RV}{2}$$

費時一個月所行走的距離

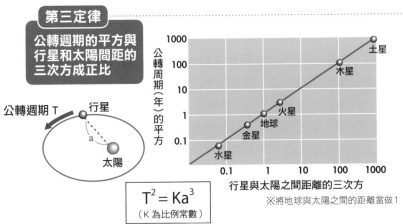

第三定律

公轉週期的平方與行星和太陽間距的三次方成正比

公轉週期 T

行星

a

太陽

公轉周期（年）的平方

1000
100
10
1
0.1

土星
木星
火星
地球
金星
水星

0.1　1　10　100　1000

行星與太陽之間距離的三次方

$$T^2 = Ka^3$$
（K 為比例常數）

※將地球與太陽之間的距離當做1

07 「萬有引力定律」的推導過程

為什麼月球不會掉落到地球上？

　　牛頓因為看到了蘋果從樹上掉下來而推導出「萬有引力定律」，這是非常著名的小故事。**所謂「萬有引力」，指的是「兩個物體彼此之間會受到大小相同的作用力所吸引，這個作用力的大小與兩物體的質量成正比，與兩物體間的距離成反比」**。不過，牛頓之所以能推導出這個定律，其實是因為以前面所提到的克卜勒定律做為基礎的緣故。

　　蘋果由於地球的引力而被地球所吸引，但是蘋果會掉到地球上，月球卻不會。雖然這是很理所當然的現象，但是這之間究竟有什麼差異呢？答案的提示就在「月球是以圓形的軌道繞行著地球運轉」。從物理上的觀點來看，月球其實是不斷持續地往地球掉落，一旦缺乏地球的引力，月球就會水平地飛向遙遠的宇宙。

　　牛頓就是因此而想到，月球正是因為受到了地球引力而「持續往地球掉落」，才會以圓形的軌道來進行運轉。也就是「萬有引力」不只會作用在蘋果上，同樣地也會作用在月球上。

　　克卜勒藉由第谷的觀測數據發現了「行星如何運動」，而牛頓則進一步推演鑽研出「作用於行星之間的是什麼樣的力」；換言之，萬有引力是合兩位偉大科學家之力才得以發現。

　　像這樣以客觀的態度來分析數據，並為了解釋現象而構築理論，就是物理學在探索自然時所展現的姿態。

24

作用於萬物上的引力

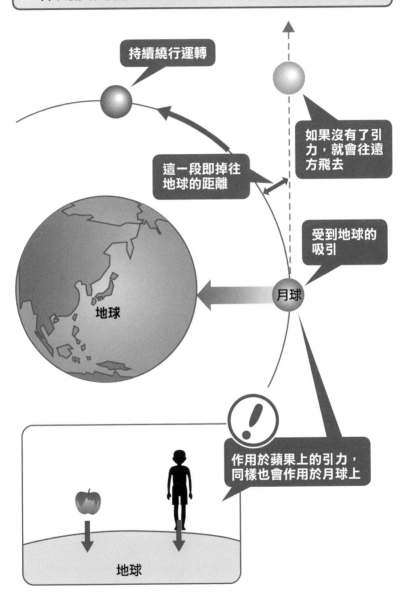

持續繞行運轉

如果沒有了引力，就會往遠方飛去

這一段即掉往地球的距離

受到地球的吸引

月球

地球

作用於蘋果上的引力，同樣也會作用於月球上

地球

25

好好地融會貫通「場」的概念

● 媒介粒子活躍的空間就是「場」

牛頓認為，月球和地球上的物體一樣，都受到「萬有引力」的作用。

「萬有」指的是所有的物體，因此地球上的海水同樣會受到這樣的作用力。舉例來說，月球的引力對於「地球在靠近月球那側的海水」、「地球的中心」、「以及遠離月球那側的海水」會依序地減弱；由於地球本身比遠離月球那一側的海水更為接近月球，因此遠離月球那側的海水就會像是被遺留在原處一般，而造成滿潮現象（譯注：靠近月球那側的海水也會因為月球引力的吸引而產生滿潮）。

像萬有引力這樣，無論距離多遠都可以感受到的作用力，在物理上稱為「**超距力**」。電磁作用力也是一種「超距力」，在第五章會再度提到；這些所謂的「超距力」其實只是表象上如此，事實上所有的作用力都能夠以「**接觸力**」（與施力者藉由碰觸而產生作用的力）這樣的概念來說明。

舉例來說，當引力要在彼此互不接觸的太陽與地球間產生作用時，就必須要有某物位在中間同時與兩者接觸，而這個「媒介」就稱為「**場**」。此外，比起太陽與地球「與場接觸」這樣的說法，更好的形容應為太陽與地球「位於場當中」。

太陽的質量雖然會對四周的其他質量產生引力，但就算周圍沒有其他質量的存在，太陽的質量依然可以讓空間產生變化。這種具有質量的物體在其四周所形成的場，就稱為「**重力場**」。

所謂的「場」，是當造成場的太陽或電荷存在與不存在時、

其性質會有所不同的一種空間，為比牛頓晚期的英國科學家法拉第為了表示「電磁作用力」所導入的概念。

目前在物理上認為，**無論何種力都是藉由位於其間的某種媒介粒子而產生作用**。舉例來說，電磁作用力的媒介粒子就是相當於光粒子的光子，而重力則是以重力子為媒介。這些媒介粒子就是「場」的另一種表現形式。

● 場的概念

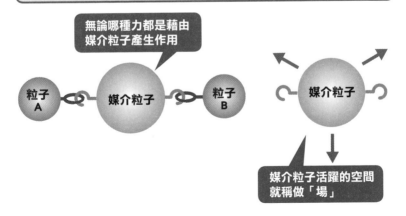

地球

太陽

地球之所以會受到引力的作用，是因為有太陽所產生的重力場存在之故。

● 以其他方式表現「場」時

無論哪種力都是藉由媒介粒子產生作用

粒子
A

媒介粒子

粒子
B

媒介粒子

媒介粒子活躍的空間就稱做「場」

物理天才的誕生

物理學上雖然也包括了像熱力學這樣以實用為目的而發展出來的領域，但大多數的時候，都是以純粹的興趣為原動力而開始發展。說起來，物理研究正是人類「想知道為什麼」這種不加矯飾的欲望的具體呈現。

在過去，物理學是貴族或經濟不虞匱乏的人所從事的休閒娛樂之一。例如發現了行星運動定律的克卜勒，就曾經受雇於熱中鍊金術與占星術的國王，為其從事研究。

然而隨著物理學持續地發展，在實用上的價值也日益重要，於是最後終於轉變成大眾性的知識。

此外，在促進物理學發展的天才當中，出身於少數族裔或是個性孤僻的科學家也十分地引人注目，像是比歐姆更早發現了「歐姆定律」的卡文迪許，就是一個極端討厭與他人相處的人。

同樣地，在物理世界裡也經常有出身少數族裔的科學家相當活躍，或許是因為他們能以異於主流思想的角度觀察現象，因而能獲得重大的發現吧。

與第五章及第六章所敘述的內容關係密切的馬克斯威爾是位蘇格蘭人，而蘇格蘭人大約只占英國人口的九分之一；愛因斯坦則是位猶太人，猶太民族在世界上來說即是個相對少數的族裔。如果深入了解許多科學家的成長背景就會發現，乍見之下不甚討好的性格與不佳的社會環境，反而往往能夠培育出天才來。

克卜勒

愛因斯坦

卡文迪許

第2章

力學為物理之鑰

物理量的單位只有四種

從原子的世界到宇宙

物理中會出現各式各樣的單位，光是這些單位就相當容易讓人搞混。但如果仔細地觀察，就可以發現這些單位幾乎都是由距離（例如公尺 [m]）、重量（例如公斤 [kg]）與時間（例如秒 [s]）所構成的；此外在第五章與第六章中所談到關於電與磁的世界裡，除了這些單位之外，還必須再加上電流的單位「安培 [A]」。在物理上，**可以藉由觀測而獲得且具有物理意義的量**，就稱為**「物理量」**；事實上，只要藉由 m、kg、s、A 這四個單位，就已經足以表示出從原子世界到宇宙的所有物理量。

舉例來說，用來表示物體運動快慢的「速度」，就是用「通過的距離 [m]」除以「耗費的時間 [s]」來計算。我們會說汽車的速度是「時速三十六公里」，也就是指汽車會在一小時（等於三千六百秒）內前進三萬六千公尺，相當於 10 [m/s]。

在物體上施力時

當我們從後面推某個移動中的物體時，物體的移動速度會變快——此即將上一章所介紹過的「能量」進一步施加在物體上的結果。

用來表示**單位時間內速度變化的程度**的物理量，就稱為**「加速度」**。假設有兩輛汽車同時發動，其中一輛在十秒後時速達到一百公里，另一輛則花了一百秒才達到時速一百公里，兩者之所以會有這樣的差異，就是因為前者的加速度較大的緣故。

　　把速度再除以一次時間 [s] 就可以得到加速度,單位為 [m/s²]。例如若某速度為 20 [m/s] 的物體在一秒後速度變成 30 [m/s],表示其速度在一秒內加快了 10 [m/s],因此其加速度就是 10 [m/s²]。

　　所有的物理量除了全都像這樣擁有各自的單位之外,還有一個相當重要的特性,即物理量可以依其是否具有方向性而區分成兩類。

　　如果用氣象圖來想像就可以很容易地了解。在氣象圖上,風速除了會標上大小之外還會標上方向,但像氣壓或氣溫就不具有方向。像風速這樣**同時具有方向與大小的量**,就稱做「**向量**」;而像氣溫與氣壓等**只具有大小但不具方向的量**,就稱做「**純量**」。

● 用來表示物理量的單位

即一秒(s = second)內前進了幾公尺(m)。如果是 [km/hour],則為一小時內前進了幾公里(km)。

速度 [m/s] 再除以時間 [s],也就是每秒速度的變化程度。

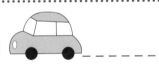

東北風　＝ 方向
風力 ③ 級 ＝ 大小 ─ 向量

東北風　＝ 方向
風力 ① 級 ＝ 大小 ─ 向量

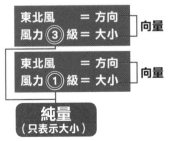

純量
(只表示大小)

力學能藉由「向量」
以圖像表現

力具有方向性

　　從後方推運動中的球時，會使球的速度增加；此外，棒球打者以球棒擊中投手所投出的球時，則會使球改變運動方向往外飛出。這種造成物體運動的速度或方向產生變化的因素，就稱為「力」。力與速度一樣，是除了「大小」之外還具有「方向」的一種向量，通常會以箭號來表示。

　　物體在單位時間內的速度變化量為加速度；而加速度同樣可以藉由向量來表示，下面就要來推導看看。

　　如右頁下圖所示，投出去的球會呈現拋物線的路徑而落下，其中箭號所表示的就是速度向量。球投出後的那一瞬間速度原本為 V_1，但是到了曲線上時就會變成 V_2。之所以會如此，是由於球受到了來自外部的力（引力）的作用；如果引力突然之間消失的話，球就會沿著投出的方向一路飛行到宇宙的另一端。若將上述兩個速度的基點重疊在一起來看，就可以表現出速度變化的向量，也就是「加速度向量」。

　　在圖中，箭號的方向之所以不一致，是因為速度的方向也改變了。從速度向量 V_1 的尖端連向速度 V_2 尖端的箭號，就是加速度向量。由圖中可知，這裡的加速度向量是直直地往下，這和下一節裡將提到的「自由落體」情形相同。自由落體所受到的作用力（外力）只有重力，而球投出後所受到的作用力同樣也是只有重力。

　　由上述便可推測出，「加速度向量的方向，其實就是所受外力的方向」。

至於在直線上運動的物體在速度上產生變化時，則加速度向量的方向與前後兩速度向量的方向會是一致的。

加速度向量的表現方式

當方向不變、速度改變時 ....

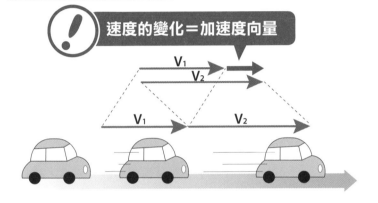

速度的變化＝加速度向量

當方向與速度都改變時 ....

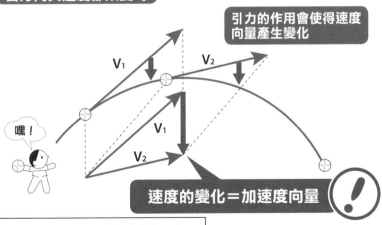

引力的作用會使得速度向量產生變化

速度的變化＝加速度向量

把兩速度向量的基準點合在一起，就可以表示出加速度向量

03 較重的物體
會落下得比較快嗎

物體掉落的速度

　　在古希臘時代，即使是像亞里斯多德這樣偉大的學者，都認為當物體由高處落下時，愈重的物體落下的速度愈快，愈輕的物體落下的速度則愈慢。過去人們認為當物體 A 是物體 B 的十倍重時，「A 就會以十倍於 B 的速度落下」。

　　一般人會這樣想似乎也是無可奈何的事，畢竟連亞里斯多德都相信是這麼一回事。

　　不過若真是如此，就會出現一些邏輯上不通之處。舉例來說，假設 A 為一百公斤、B 為十公斤，當兩者以線綁在一起時，總重量會變成一百一十公斤，其落下的速度依照前述的原理就會比單獨的 A 來得快；換句話說，僅僅藉由繩子與 A 綑綁一起，B 掉落的性質就改變了。此外從另一角度來看，如果 B 掉落的速度比較慢的話，應該會拉住掉落速度較快的 A 才對，這樣一來，當 A 和 B 綁在一起時，兩者掉落的速度不就應該比 A 單獨掉落時來得慢嗎？然而，這兩種想法間是互相矛盾的。事實上，前述內容就是伽利略當初所做的推論。

伽利略的實驗

　　伽利略曾經做過一個實驗，藉由從斜面上滾落的球來探討球滾動的距離與所需時間之間的關係，並發現了**距離會與時間的平方成正比**（參見右下圖）。在這個關係式中，**比例常數的值與球的重量無關而為一定，且其乘上兩倍後即為加速度**。此外伽利略

還發現，當斜面的傾斜角愈大時，加速度也會愈大，而且若移走斜面而讓物體自由落下時，也會具有一個一定大小的加速度。

於是，伽利略便由這個實驗中推導出「**當物體只受到重力的作用而掉落時，所有物體掉落的速度全都相同**」這樣的結論；此時的物體稱做「**自由落體**」，而其加速度則特別稱呼為「**重力加速度（g）[m/s²]**」。

此外，當物體吊在彈簧秤上面時，彈簧之所以會拉伸也是由於受到了「讓物體掉落的力＝重力」的作用之故。若套用到前述關於自由落體的觀測結果來看的話，便可以預測出自由落體的加速度 g 就是重力的源頭。伽利略即是如此跳過了物體掉落速度的概念，而觀察推測出「加速度與重力之間具有直接的關係」。

● 自由落體運動

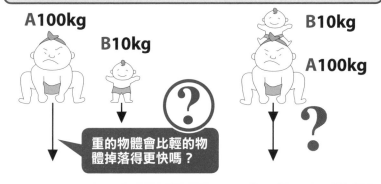

重的物體會比輕的物體掉落得更快嗎？

● 球由斜面滾落的實驗

x	1秒	2秒	3秒	4秒
y	1m	4m	9m	16m

控制落體運動的因素為加速度

$$L = \frac{加速度}{2} T^2$$
（距離）　　　（時間）

04 力與加速度及質量的關係

探索力的原理

　　在這個單元裡，就要以球從斜面上滾落的實驗，來探討有關物體在掉落時所受到的作用力。

　　如右頁圖解所示，一個斷面邊長分別為三十公分、四十公分、五十公分的直角三角形斜面上，掛上了一條環狀念珠。由於念珠即使在斜面光滑的情況下也可以維持靜止不動，因此即使圖解中的右圖把念珠的下垂部分省略掉，也不會影響到其靜止狀態。

　　當某個珠子從最高處的 P 點滾落到左側的 A 點時，所得到的終端速度會與從右側垂直往 B 點掉落得到的終端速度一樣。這是因為若珠子的出發點高度相同的話，其動能就會相同，而與斜面的傾斜角度無關。在本章的第 48 頁，會再針對「動能」詳細地討論。

　　在這裡，將左側的加速度稱為 G，右側的加速度稱為 g，從左側滾落所需的時間為 T，從右側落下所需的時間為 t。

　　由於（速度）＝（加速度）×（時間）且終端速度相同，因此 GT = gt。

　　此外，根據第 35 頁的公式，可將斜面的距離（五十公分）表示為 $\frac{1}{2}GT^2$，將垂直邊的長度（三十公分）表示為 $\frac{1}{2}gt^2$；接著再利用 GT = gt 的關係式，便能得到 $\frac{T}{t} = \frac{5}{3}$，並接著得到 $\frac{g}{G} = \frac{5}{3}$。將上式變換之後，就可以得到 5G = 3g。換句話說，我們可以得到這樣的關係式：（斜面上念珠的質量總和）×（斜面上的加速度）＝（垂直面上的念珠質量總和）×（垂直加速度）。

　　另一方面，請注意斜面上的五顆珠子雖然分別受到垂直方向的重力作用，但是其在斜面方向上所受到的力，則只有重力的 $\frac{3}{5}$。以向量來表示此作用力的話，可以如圖解中的右圖一樣，將其分解成其他方向的分量；而這種力的分量就稱為「分力」。總地來說，若斜面上一顆珠子在垂直方向所受的作用力為 f 時，則該顆珠子在斜面上所受的力就會是 $\frac{3}{5}$f，因此五顆珠子沿著斜面方向的受力總和、與三顆珠子沿著垂直方向的受力總和，全都會是 3f。

　　由以上可知，前述「（斜面上念珠的質量總和）×（斜面上的加速度）＝（垂直面上的念珠質量總和）×（垂直加速度）」的關係式，所表現的即是力的平衡，也就是**重力為質量與垂直方向加速度的積**。由於垂直方向的加速度為定值，因此作用在物體上的**重力會與物體的質量成正比**。

藉由念珠來看重力的作用方式

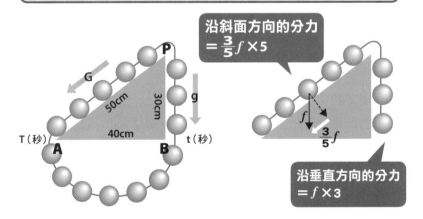

沿斜面方向的分力 $=\frac{3}{5}f \times 5$

沿垂直方向的分力 $=f \times 3$

念珠的質量 × 垂直方向的加速度 ＝ 重力

05 運動方程式的發現大幅地改變了物理

 加速度與施力成正比，與物體質量成反比

在這一節裡，要探討為何物體從一定高度掉落時所需的時間都會相同，而與其重量（質量）無關。

牛頓認為重力可以置換成所有的作用力，因此重力加速度也可以直接拿掉「重力」兩個字，直接置換成一般的加速度。以下的式子應該有許多人都還記憶猶新：

$$作用力 [F] ＝質量 [m] \times 加速度 [a]$$

這就是所謂的「**運動方程式**」。

在物體上施以作用力後，就可以測量出加速度。由於地球上的重力加速度是固定值，因此可以把作用在自由落體上「與質量成正比的力」當做是重力；而這個重力又是質量乘上重力加速度所得到的值，因此質量之間的比較其實就相當於重力的相較。而**作用在質量為一公斤的物體上使其產生 1 [m/s^2] 的加速度的力量，就定義為「一牛頓 [N]」**。

先前曾提到在伽利略的實驗中，不同物體即使質量相異，但只要是從相同的高度落下，所花費的時間就會相同；而原因則如下：由於 F（作用力）＝ m（質量）×g（重力加速度），因此引力會與質量成正比，受到引力牽引的物體的運動情形（即速度的變化），則會與質量成反比；如此一來即使質量相異，但只要作用於物體上的外力只有重力場所造成的重力時，則速度的變化就會是相同的。

舉例來說，假設現在分別各有一個十公斤的物體與一公斤的

38

物體，作用於十公斤物體上的引力雖然會是一公斤物體的十倍，但作用力在十公斤物體上所造成的速度變化，也會是一公斤物體的十分之一，因此兩個物體在引力與速度變化的乘積上會是相同的。因為如此，在真空的狀態中就能夠觀察到這兩種物體會以相同的速度掉落。

● 運動方程式中對力的定義

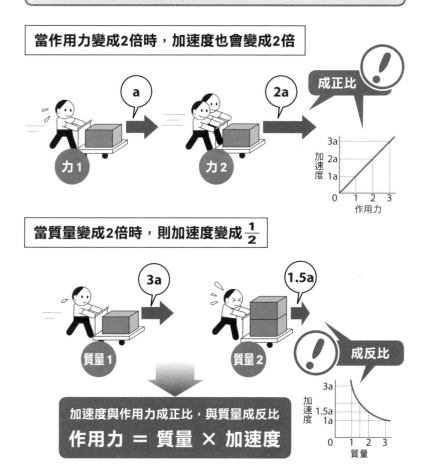

當作用力變成2倍時，加速度也會變成2倍

當質量變成2倍時，則加速度變成$\frac{1}{2}$

06 「慣性定律」就是「惰性定律」？

改變視點來觀察物體的運動

前面已談到根據運動方程式，加速度的大小與施加於物體上的作用力成正比，並與質量成反比。事實上，這個方程式若要成立，必須要物體是在以靜止不動的觀察者為基準的座標系（靜止座標系）上運動，或者是在以等速直線運動的觀察者為基準的座標系中運動時才能夠成立。這種包括靜止座標系在內的座標系統，就稱為「**慣性座標系**」。

以下就從以一定的加速度開始運動的電車為例來進行說明。電車的天花板中以繩子懸掛了一個質量為 m 的物體，電車則是以加速度 a 在行駛。如右頁圖解所示，位在電車中的乘客（電車所進行的是加速度運動，因此並非慣性座標系）所見到的物體運動，若不將重力以及繩子拉力以外的力考量進去的話，作用力是處於未形成平衡的狀態。

對乘坐在電車裡的人來說，作用在物體上的力就只有懸掛的繩子所造成的拉力以及向下的重力，並沒有橫向的作用力，但實際上物體卻是向後傾斜形成平衡的狀態。在這裡，為了要解釋力的平衡，就必須導入一個只存在於電車中「虛擬力」的概念，即如同圖中那道向左的力－ma，這個力稱為「**慣性力**」。

接著再來看看放置於地板上的球在電車啟動後的情形。由於地板非常地光滑，因此即使電車開始行駛，地板對球也並無施加的力，結果球就會像靜止不動的木雕一樣仍然位於原地。於是，在電車外的人看起來，便會覺得雖然電車已經開始行駛，球卻是靜止不動的；但是對電車裡的人來說，球看起來就像是以與電車

反方向的加速度進行運動一樣。

　　換句話說，在非慣性座標系中，為了不損及慣性座標系中成立的運動方程式（F＝ma）那令人驚嘆的簡潔之美，就必須要動些手腳才行。於是我們只要藉由慣性力這樣的虛擬力，就能夠很簡單地說明物體在非慣性系統中的運動情形。

　　類似這樣有點偷懶的技巧其實不只限於物理，在其他科學中也經常可見。此外，一般人耳熟能詳的「**慣性定律**」，其最主要的內容就是「物體都有沿著直線運動的傾向」，但是為什麼會如此呢？其真正的理由並不清楚，慣性定律的由來並不為人所知。

對電車裡的人而言慣性力的重要

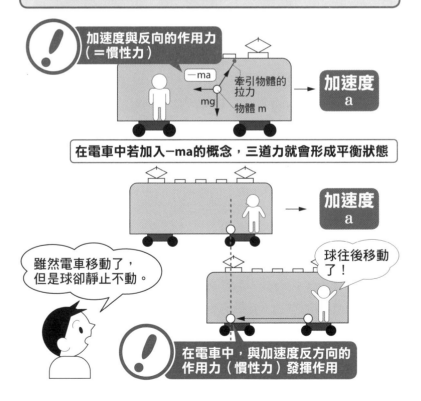

無論何時，
力都是成雙成對的

桌子也會對杯子施加壓力嗎？

運動方程式無論在任何情形下都能成立，是個相當重要的式子。那麼，當物體受到某個力的作用卻仍然靜止不動時，又是什麼樣的情形呢？當力的平衡受到了破壞而在某個方向上產生多餘的力時，物體就會以與自身質量成反比的加速度開始運動，因此若靜止的物體受力時，就代表與這個力相反的方向上也有個同樣大小的力存在。

舉例來說，右頁左上圖中的桌子上放置了一個杯子，若這個杯子的質量為 m，則杯子會施加一個 mg 的力在桌子上。但是，由於杯子並不會因此就陷到桌子裡，表示桌子也會由反方向在杯子上施加一個－mg 的力。這種因為受到壓迫而產生的大小相同、方向相反的力，就叫做「反作用力」。

事實上，這個力就和前一個單元裡的慣性力一樣，都是為了讓力學原理更完整而導入的虛擬力。由於如此就能夠更流暢地針對問題進行思考，因此導入這些假想力在物理上是非常重要的事。

其他虛擬力的例子，像是當以繩子懸掛一個質量為 m 的五元銅板時，如果繩子沒有向上施以一個－mg 的力量，五元銅板就會產生運動；這時候，我們就把這種如右頁圖解所示，其大小與向下作用的重力 mg 相同但方向相反的作用力，稱為「張力」。

另外下圖所示的是當一個（mg）a 的力量從左側施加於物體上時，由於摩擦力的緣故使得物體並未產生運動的情形。當然當

物體在運動時，物體與其所接觸的地板間同樣會有摩擦產生（譯注：此時稱為「動摩擦」），但是當物體不動時，也會有稱為「靜摩擦」的力存在。在這裡 a 指的是隨左側施力大小而改變的係數（譯注：a 會與施力大小成正比）。

在上面的三個例子裡，當 m 或是 a 改變時，其相應的反作用力、張力及靜摩擦力也會隨之改變。但是，無論何者一旦其力量超過了某個界限時，桌子就會產生凹陷、繩子會斷裂，物體也會開始往右側移動。

● 作用在靜止物體上的力

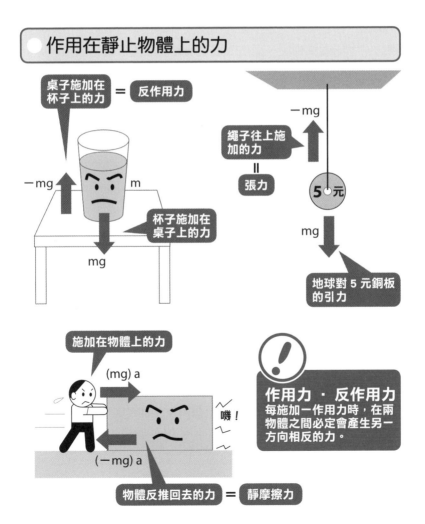

桌子施加在杯子上的力 = 反作用力

−mg

m

杯子施加在桌子上的力

mg

繩子往上施加的力 ‖ 張力

−mg

5元

mg

地球對 5 元銅板的引力

施加在物體上的力

(mg) a

噼！

(−mg) a

物體反推回去的力 = 靜摩擦力

！

作用力 · 反作用力
每施加一作用力時，在兩物體之間必定會產生另一方向相反的力。

43

08 偏西風的產生 是受到地球為球形的影響

地球上的「虛擬力」

地球由於自轉的關係會受到「虛擬力」的作用，而對我們的日常生活產生影響。舉例來說，發生於赤道附近往北行進的北半球颱風，其暴風圈的旋轉方向與同樣發生於赤道附近但往南極移動的南半球颱風相反，而造成這種情形的原因，就是因為地球自轉所產生的偏向力。這種偏向力稱為「科氏力」。

以右頁圖解來看，如果地球不會自轉的話，則火箭從赤道上的 O 點直直向北發射，應該會在一分鐘後抵達 A 點。

此時，如果地球並非球形而是一圓筒形，並且赤道位於圓筒側面、地軸即為圓筒軸心，火箭發射時會因為地球自轉而得到一個向東的速度；但是，A 點也會以地球自轉同樣的速度往東移動，因此經過一分鐘後，火箭還是會抵達這個圓筒狀地球（也許這時候該叫做地筒？）上的同一個 A 點，在圖中以圓筒狀地球上的「一分鐘後的 A 點」來表示。

不過由於實際上的地球為球狀，使得愈靠近北極之處，經度相隔一度的距離就會愈小，地球自轉向東的速度會比靠近赤道的地方來得慢；也就是說，在地球自轉下，位於東京的人相較於赤道上的人向東移動的速度較慢。由此可知，實際狀況中的 A 點位置，會比起當地球是圓筒狀時的位置較西邊一些，也就是圖中所示的「一分鐘後實際上的 A 點」。

如果乘坐在火箭上的人持續觀察 A 點的話，就會發現原本位在正北方的 A 點會隨著愈往北飛慢慢地開始往西邊移動，而且隨著火箭向北方前進，A 點偏向西邊移動的速度也會愈來愈

快。相反地若是由位於 A 點的人觀察火箭時，就會發現隨著火箭愈來愈靠近，其偏往東邊移動的速度也會愈快。而速度會增加就表示具有加速度；換句話說，即是有個與火箭的質量成正比的力量產生作用。

於是，由位於 A 點的人眼中看來，火箭就如同受到了一個由西往東的力所作用一樣。這個力便是由於在地球上 O 點與 A 點向東的速度不同所引起的。

只要是向北移動的物體，雖然程度上會有差別，但都無法免於科氏力的影響。

偏西風是發生於地球的中緯度地帶、終年都向西吹拂的風，其源頭就是從赤道向極地傳遞能量的大氣運動。當然，這種大氣運動在北半球最主要都是往北移動，因此便會受到向東的科氏力影響，使得風由西往東吹送，因此稱為「偏西風」。換句話說，會吹起偏西風的原因是由於地球是球狀的。

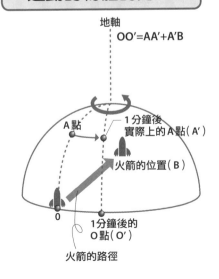

● 如果地球是圓筒形的話

地軸
OO'=AA'

A點　　1分鐘後的 A 點

赤道

O　　1分鐘後的 O 點（O'）

火箭的路徑

● 作用在球體表面進行運動的物體的力

地軸
OO'=AA'+A'B

A點　　1分鐘後實際上的 A 點（A'）

火箭的位置（B）

O　　1分鐘後的 O 點（O'）

火箭的路徑

09 有苦就有樂——能量守恆定律

「能量」究竟是什麼？

自古以來，人類就不斷地思考著要如何才能輕鬆地把重物移動到高處，並且製作出了各式各樣的工具，像是能把重物抬到高處的滑輪，或是利用槓桿來達到以小量的力作大量的功等等。

例如把動滑輪和靜滑輪組合在一起時，就能夠輕鬆地把重物提高。定滑輪可以把吊起重物的力量方向由往上改變成往下，而動滑輪則能夠把吊起重物所需的力量減半；但是使用動滑輪的話，吊起重物所需的距離就會變成兩倍。換句話說，在不使用動滑輪的情況下，（力）×（距離）所得到的值就會不變。

也就是說，我們可以把（力）×（距離）所表示的量，當成是「恆定不變的」，而這個恆定不變的量就被稱為「**能量**」。如果這個力代表的是重力 mg，而距離為高度 h 的話，其乘積就會是 mgh，而此 mgh 則被稱為「**位能**」，即位於高處的物體因為重力之故而持有的能量。

在力學中常用的能量單位是**焦耳 [J]。以一牛頓的力讓物體移動一公尺所需的能量，就定義為一焦耳。**

「能量」就像變色龍一樣

首先以鐘擺的例子來思考看看。不斷進行振動運動的鐘擺能夠持續長時間地擺動，這是因為鐘擺一直持有「某物」可讓振動運動不會停止下來，而這個「某物」就是前述所提到的能量。

在這之後還會繼續介紹各式種類的能量，而所有的能量都能

夠以（力）×（距離）的形式來表示，且不同形式之間的能量能
夠互換，彼此可以相加或相減。就像紙鈔與銅板都是錢一樣，無
論能量的形式如何變化，其總量都會相同，這就是「**能量守恆定
律**」。

● 任何情形下能量均守恆不變

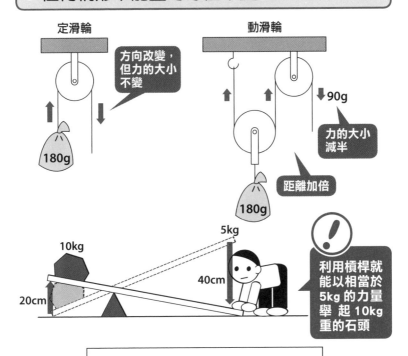

定滑輪

方向改變，
但力的大小
不變

180g

動滑輪

90g

力的大小
減半

距離加倍

180g

10kg

5kg

40cm

20cm

利用槓桿就
能以相當於
5kg 的力量
舉 起 10kg
重的石頭

力 × 距離＝能量

10 測量能量的大小

求取動能的方法

　　一般來說對於能量的說明，會採取「（力）×（距離）＝（功），而作功後所產生的就是能量」這樣的概念來解說，不過接下來則要來看看該如何求取運動中的物體所具備的能量。

（功）＝（力）×（距離）＝（質量）×（加速度）×（距離）
（加速度）＝（速度變化量）÷（時間）
（距離）＝（速度）×（時間）

　因此可以得出：

（功）＝（質量）×（速度變化量）×（速度）

　　若最初的速度為 a，改變後的速度為 b 時，則速度變化量為（b － a），也就是：

（速度變化量）×（速度）＝（b － a）b

　　由於考慮到加速度的時間都在數秒左右，因此可以把 a 當成約略與 b 相等，如此一來就會變成：

$$（b － a）b = \frac{1}{2}（b － a）（2b）$$
$$= \frac{1}{2}（b － a）（b ＋ a）$$
$$= \frac{1}{2}（b^2 － a^2）$$

　　於是若以速度來表示「功」，也就是「能量」時，就會變成：

（$\frac{1}{2}$）×（質量）×（速度平方的差值）

　　假設最初的速度 a 為 0 時，就可以得到下式：

$$（動能）= \frac{1}{2} \times（質量）\times（速度）^2 = \frac{mv^2}{2}$$

藉由鐘擺來觀察能量守恆定律

　　鐘擺所擁有的位能－mgh 與動能－$\frac{mv^2}{2}$ 會如下圖所示，隨著鐘擺的運動不斷地互相變換。

　　A 點與 E 點是鐘擺振幅最大時的位置。當鐘擺從 A 點移動到 C 點時，所有的位能都會轉變成動能；當鐘擺從 C 點移動到 E 點時，動能就會逐漸地轉變成位能，並且在到達 E 點時，所有的動能都會轉變成位能。圖中從 A 點到 E 點的五個位置，其位能與動能相加的和都會相同，意即遵守能量守恆定律。

鐘擺移動時的能量變化情形

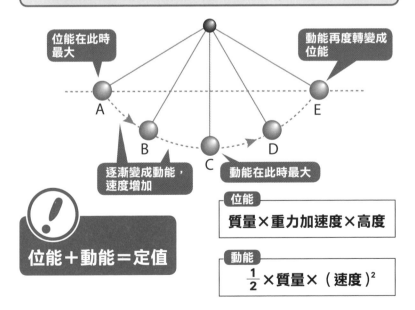

位能在此時最大

動能再度轉變成位能

A

E

B

C

D

逐漸變成動能，速度增加

動能在此時最大

！

位能＋動能＝定值

位能
質量×重力加速度×高度

動能
$\frac{1}{2}$×質量×（速度）^{2}

11 即使物體相撞，動量還是維持不變

 火箭能夠飛行就是因為動量守恆定律

　　宇宙是個無重力的空間，火箭在這樣的空間中究竟是如何前進的呢？火箭之所以能夠前進，是因為占有火箭質量一部分的燃燒氣體往後高速噴出，使得火箭本身獲得向前的動量之故。

　　運動中的物體除了擁有動能之外，還具有以「質量 × 速度」來表示的「動量」。藉由動量，就能更容易了解物體的運動。動量和能量一樣也會守恆，因此往後噴射的氣體動量與往前進的火箭動量，兩者所增加的量會大小相同、方向相反。

　　如果以撞球為例就可以更容易地了解。假設有兩個大小與質量都相同的撞球 A 與 B，當球 A 從正對面撞擊靜止的球 B 時，球 B 會以球 A 的速度開始運動，球 A 則會變成靜止的狀態。由此可知，**物體在撞擊前後的「動量維持不變」。**

　　像這樣藉由撞擊等方式讓兩物體接觸受力時，其各自的（物體質量）×（速度）的和在接觸前後並不會改變，這就是「**動量守恆定律**」。

 整體的重心也不會改變

　　在這裡還有很重要的一點必須注意，即在火箭的例子中，質量的重心在氣體噴射出來的前後都不會改變。假設火箭的質量為一百公斤，而噴出氣體的質量為一公斤，由於動量守恆，因此若氣體的速度為 100 [m/s] 時，火箭的速度就是 1 [m/s]。

　　以右頁圖解來看，如果把氣體即將噴出前瞬間的火箭位置當

成原點，則氣體噴出一秒後，其位置會變成在原點左側的一百公尺處，而火箭的位置則會移動到原點右側的一公尺處。由於（質量）×（移動距離）的值是相同的，因此全體的重心並未改變。

　　此外，由於氣體團以及火箭兩者和原點間的距離會和其各自的速度成正比，並且與經過的時間無關，因此整體的重心會一直維持在原點處。換句話說，「動量守恆定律」其實也可以說成是「重心不變定律」。在此「重心不變定律」並不是通用的說法，而是筆者為了讓解說更容易理解而自行取的名稱。

撞球相撞時

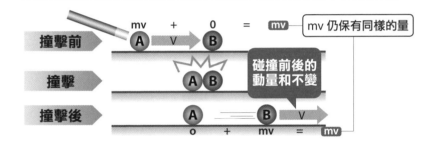

火箭與噴射出去之氣體的重心

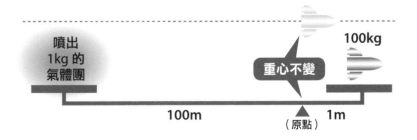

向心力是萬有引力的仲介

作用於圓周運動的力

在開始求取力學這個章節的最後一站——「萬有引力公式」之前，先來看看什麼是等速圓周運動。

右頁圖解中可看到正在進行等速圓周運動的鍊球。由於鍊球是以等速在運動，因此可以想成其並無加速度；但是鍊球的速度不變、「方向卻改變了」，也表示其受到了力的作用，這種作用力就叫做「**向心力**」。只要回轉的速度到達一定的大小，則當鍊球脫離手中時，就會以同樣的速度沿著切線方向飛出。

以右下圖來看，若鍊球進行等速度直線運動，且在 A 點處脫離手中的話，原本應該會抵達 B 點；但是若不脫離手中而繼續進行圓周運動，就會抵達 C 點。從 A 點畫向 C 點的向量，就是圓的半徑 r 乘上**角速度**（單位時間內的半徑回轉速度）ω 所得到的速度向量 $r\omega$；而 AB 的長度也會大約與 $r\omega$ 相等。

由於 $\angle BAC$ 相當於角速度 ω，因此由 B 畫向 C 的向量就等於（$r\omega$）ω，也就是加速度向量。由於當 ω 非常小時，BCO 的角度會非常接近於直線，因此加速度 $r\omega^2$ 會指向中心 O 的方向。在此若速度為 v，則加速度就會等於：

$$r\omega^2 = \frac{v^2}{r}$$

等號的兩邊同時乘以質量 m 的話，就可以用來表示向心力 $mr\omega^2$，且得到「**向心力與回轉速度的平方成正比，與回轉半徑成反比**」的結論。

也就是說，要讓物體進行等速圓周運動時，只要施以一個一

定大小的作用力、且此作用力的方向指往與物體運動方向垂直的圓周軌道中心就可以了。

　　由於根據牛頓運動方程式，（施加於物體上的作用力）＝（質量）×（加速度），因此在等速圓周運動中，作用力就是朝向圓心的 $mr\omega^2$。在圓周運動中，加速度與作用力都是指向與運動方向垂直的圓心。

鍊球投擲時的圓周運動

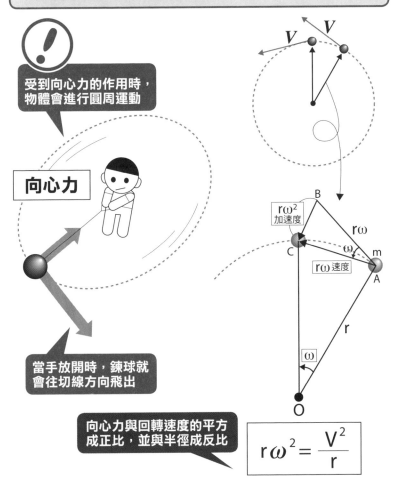

受到向心力的作用時，物體會進行圓周運動

向心力

當手放開時，鍊球就會往切線方向飛出

向心力與回轉速度的平方成正比，並與半徑成反比

$$r\omega^2 = \frac{V^2}{r}$$

13 藉由萬有引力定律來思考圓周運動

由「運動方程式」進化成的「萬有引力定律」

弄懂了運動方程式之後，接下來就可以繼續推導萬有引力定律。萬有引力定律如同右頁圖解所示，是利用第一章所提到的克卜勒第三定律將運動方程式加以變化後所得到的。

如果把行星的軌道當成圓形的話，則根據克卜勒第二定律，軌道上的角速度會是一個定值，因此：

$$\omega = \frac{2\pi}{周期}$$

若行星的質量為 m，其與太陽間的距離為 r，繞行的週期為 T 時，則根據運動方程式，行星在朝向太陽的方向會受到一作用力，大小為：

$$mr\omega^2 = \frac{mr(4\pi^2)}{T^2}$$

此外根據克卜勒第三定律，可知：

$$\frac{r^3}{T^2} = （常數\ k_1）$$

亦即：

$$\frac{r}{T^2} = \frac{常數\ k_1}{r^2}$$

將其代入朝向太陽方向的作用力大小算式，就變成：

$$\frac{mr(4\pi^2)}{T^2} = \frac{m(k_1)(4\pi^2)}{r^2}$$

由作用力與反作用力定律可知，太陽也會受到一個大小與上式相同的作用力，因此太陽所受到朝向行星方向的作用力就會是 $\frac{（太陽的質量\ M）(k_2)(4\pi^2)}{r^2}$。由於這兩個作用力的大小相等，因此將兩者相比就可以知道 k_1 裡包含了「太陽的質量 M」，而 k_2 裡則包含了「行星的質量 m」，如此便可知上述的作用力會與兩天體質量的乘積成正比，而這個作用力就是萬有引力。

於是，我們導入一個新的常數 G（此常數即萬有引力常數），此常數不含太陽與行星的質量，但納入了前面出現過的係數（$4\pi^2$）。接著將原本的式子整理後可得：

$$萬有引力 = G\,\frac{mM}{r^2}$$

根據這個式子可知，萬有引力的大小與距離的平方成反比，因此距離愈遠，所受到的作用力就會愈弱。電燈的情況也是當距離變成兩倍時，亮度就會減弱成四分之一。

由上面的推導可知，萬有引力方程式可以說是將運動方程式進一步地推演之後所得到的結果。

● 運動方程式的演進

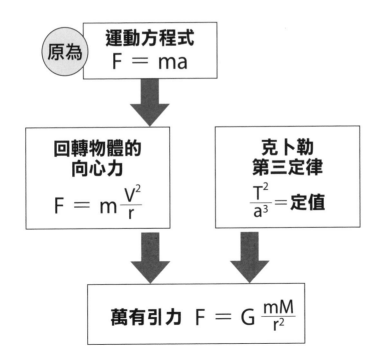

原為　**運動方程式 F = ma**

回轉物體的向心力 $F = m\dfrac{v^2}{r}$

克卜勒第三定律 $\dfrac{T^2}{a^3} = 定值$

萬有引力 $F = G\dfrac{mM}{r^2}$

為什麼萬有引力是無所不能的？

如果萬有引力的公式是正確的話，則無論是太陽與行星間的作用力或是地球上物體間的作用力，應該都能夠以這條式子來表示才對。在這一章的最後，就要針對這個問題來進行確認。

無論是月球或是地球，都會受到太陽以及包含木星在內等許多行星的引力影響。由於引力與距離的平方成反比，因此其他行星作用在月球與地球上的引力，相對而言小到可以直接忽略，而只需要考慮月球與地球之間的引力。

若地球與月球的距離為 R，月球的公轉週期為 t，月球的質量為 m，地球的質量為 M，萬有引力常數為 G，則由於月球圓周運動的角速度為：

$$\omega = \frac{2\pi}{t}$$

月球的加速度為：

$$R\left(\frac{2\pi}{t}\right)^2$$

因此根據運動方程式「F = ma」與萬有引力定律，便可得：

$$mR\left(\frac{2\pi}{t}\right)^2 = \frac{mMG}{R^2}$$

即等於：

$$\frac{R^3(2\pi)^2}{t^2} = MG$$

另一方面對地球上的物體來說，若物體的質量為 $\triangle m$，重力加速度為 g，地球的半徑為 r 時，則：

$$(\triangle m)\, g = (\triangle m)\, \frac{MG}{r^2}$$

即等於：

$$g = \frac{MG}{r^2}$$

由於 MG 為 $\frac{R^3(2\pi)^2}{t^2}$，將其代入後可得：

$$g = \frac{(2\pi)^2 R^3}{r^2 t^2}$$

而實際計算就會得到 $R = 38 \times 10^7$ [m]，以及 $\frac{R}{r} = 60.27$。由於 t 為 2,360,000 秒，因此將這些數值代入重力加速度 g 的算式後，就可得 g = 9.8 [m/s²]。

這個計算出來的值與地球上實際測量到的重力加速度幾乎一模一樣，正表示萬有引力定律是正確的，也證明了作用在地球上物體間的力與作用在月球上的力，都是同一種作用力。

第 3 章

探討波與光

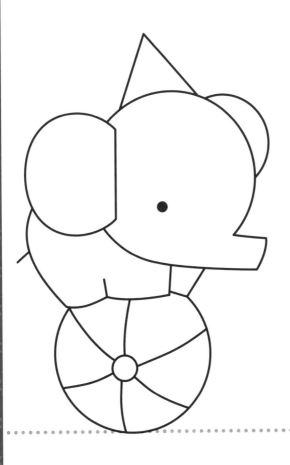

在空間中進行傳遞的「波」

看得見的波與看不見的波

提起「波」這個詞，會令人聯想到什麼呢？無論漂浮在平穩水面上的水黽所造成的微小波紋，或是幾十年才會發生一次的大海嘯，都是能夠從水面上觀察到的波。

波是一種產生於某處的振動逐漸傳遞到相鄰位置的現象；以物理的語言來描述的話，即**不斷週期性地重覆增減（振動）的物理量在空間中傳遞的現象**。在表示波的時候，通常會如同右頁圖解般以波的高度為縱軸，而以距離為橫軸。只要擁有這樣的特性，無論是否為肉眼可見，都可以視為波，像聲音與光便是肉眼不可見的波。

波的高度稱為「**振幅**」，「**波長**」是波峰到下一個波峰（或是波谷到下個波谷）之間的距離，一秒內反覆振動的次數（即波峰的數目）則稱為「**頻率**」。頻率的單位是**赫茲** [Hz]，或直接以週期數 [cycle] 來表示。

例如東日本的家庭用電為五十赫茲，西日本為六十赫茲，即指每秒鐘電壓的波峰分別有五十及六十個。

當波通過停泊在海面上的小船時，其模樣就如圖中所示。其中波前（波的前端）在一秒後前進了六公尺，因此波的速度為 6 [m/s]。船會隨著波峰與波谷經過而上下移動，由於位於原點的小船在一秒內上下運動了三次，因此其頻率為三赫茲；此外波長為 2m，所以可以得到如下的關係式：

$$（波的速度）＝（波長）×（頻率）$$

在學習波的時候，首先最須記住的就是這個關係式。「週期」是小船再度回到波峰的位置所需的時間，與頻率互為倒數的關係；由於此時頻率為 3 [/s]，因此週期為 $\frac{1}{3}$ [s]。此外，從一個波峰移動到下個波峰所需的時間就是週期，因此也可以得到這個關係式：（速度）＝（波長）÷（週期）。

表示波的方法

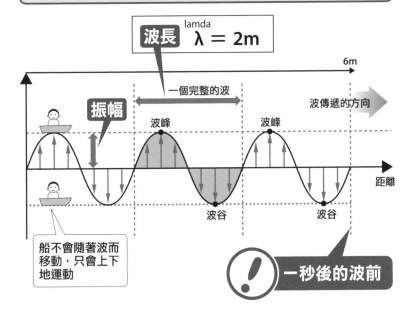

波長 lamda $\lambda = 2m$

一個完整的波

波傳遞的方向

振幅

波峰 波峰

波谷 波谷

距離

6m

一秒後的波前

船不會隨著波而移動，只會上下地運動

速度 6 [m/s]

頻率 3 [/s]＝3 [Hz]

週期 $\frac{1}{3}$ [s]

速度＝波長 × 頻率

週期＝$\frac{1}{頻率}$

02 聲音與光同樣是波卻完全不同！

波可以分成縱波與橫波

通常波在傳遞時，必須要有能夠傳遞波的「**介質**」存在，例如水波的介質為水，音波則是以空氣為介質。但是，光在傳遞時並不需要介質，即使距離達數億光年之遠，光還是能經由真空傳遞到地球，因為空間本身就是光的介質。介質在傳遞波的時候會產生振動，但在波通過後就會回復到原本的狀態。

另一方面，聲音則是藉由空氣密度高與空氣密度低的區域相互交錯形成來進行傳遞。像是若撥動吉他的弦或是觸摸音響喇叭時可以感受到其振動，而當音響喇叭振動時，與喇叭接觸的空氣會受到壓縮或是拉伸，如此就會使空氣產生密度高與密度低的交錯區域。

聲音就是這樣子藉由發聲物體的振動來製造出空氣的疏密，再往四面八方傳遞出去。將彈簧的一端壓縮再放開後所產生的振動，就可以模擬出空氣的疏密是如何傳遞的。

由於此時**波的行進方向為縱向，且在該方向上物理量（此時為空氣的密度）會隨著波的傳遞而振動**，因此這種波就被稱為「**縱波**」；此外又因其構造上的特徵，有時也被稱為「**疏密波**」。

相對地，**週期性的變化與波的行進方向互相垂直的波**就被稱為「**橫波**」。光即是一種典型的橫波，水面上所見到的波也很適合用來掌握橫波的概念。

讓物體在黏稠的油裡面上下左右振動，就可以在離物體一段距離處同時觀察到縱波與橫波。由於物體會上下移動，因此油會被上下地拉扯而產生橫波。

同樣的現象也會發生在固體中。換句話說，當固體的某一部分產生劇烈的形變時，就會同時產生這兩種波。由於地球在靠近地表的部分可以視為固體，因此地震時會同時產生稱之為「P波」的縱波與稱之為「S波」的橫波。

P波的傳遞速度比起 S 波來得快，因此藉由測量這兩種波的時間差，就可以計算出震源的距離。地震的時候，在大的震動之前經常可以感受到微小的震動，這種微小的震動就是由縱波（P波）所引起的。

縱波與橫波

03 為何會發生「都卜勒效應」

波源移動與「都卜勒效應」

產生波的東西稱為「波源」，若波源本身有所移動時，就會發生一些有趣的現象。

試著想像看看當音源往右側移動時的情形。如右圖所示，波從音源發散出來之後，前進的波便不受音源影響，聲音的速度是由周圍的空氣等介質所決定。因為這個緣故，當音源往右側移動時，看起來就像是在追趕之前所發出的波一樣，使得波峰與波峰間的間隔變短、頻率增加；因此，位於右側的人在此時所聽到的聲音，就會比當音源靜止時所聽到的聲音來得更高亢。

相反地對於位在左側的人來說，音源是不斷地在遠離，因此下個波來到所需的時間也隨之拉長；於是，波峰與波峰間的間隔變長、頻率變低，所以此時聽到的聲音就會比音源靜止時更為低沉。

當救護車靠近時，我們會聽到充滿緊張感而尖銳的「嗶波嗶波」聲，離去時則會變成較為沉穩的「嗶－波－嗶－波－」聲，這就是「都卜勒效應」。

光源移動會使顏色改變

光同樣具有波的性質，也會發生類似的現象。向地球接近中的星球所發出的光在到達地球時，波長會比原本剛從星球發散出來時來得短而變得偏藍；另一方面，不斷地遠離地球的星球所發出的光，其波長會變長而偏紅。前者稱為「藍移」，後者則稱為

「紅移」。

　　光的顏色會隨著波長不同而變化，紅光的波長約為六百五十奈米（650×10⁻⁹m），是人類可見的光波長的極限。

接近的聲音與遠離的聲音

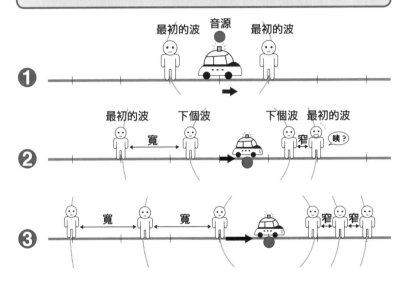

可見光顏色的差異

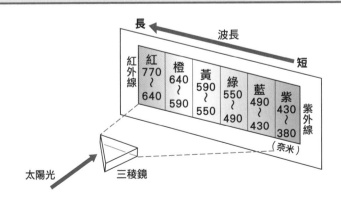

愈大型的樂器聲音愈低沉

固定端與自由端

　　波可以分成**由波源不斷重覆產生波峰與波谷的「波列」**、或稱為**「連續波」**，以及**不連續的「脈衝波」**，右頁上圖即以脈衝波為例來表示波的兩種反射方式。像圖中這樣反射回來的波叫做**「反射波」**，左邊的圖是單一脈衝橫波沿著繩索傳遞，遇到右端的固定點後反射的樣子；在右方處這種即使波抵達也不會造成移動的端點，就叫做**「固定端」**。在固定端的地方，若波抵達時為呈現波峰，則反射回去的波就會是波谷；換句話說，**固定端處會形成與入射波的相位（以 360 度來表示一個完整波的週期時的角度）相差 180 度的反射波**。

　　相反地，若端點是未被固定的**「自由端」**時，則情形又會有所不同。由於從左側前來的波抵達右端點時，在端點處並不會產生反彈振動，因此波會直接再經由原本的途徑傳回去。這是因為當端點為自由端時，即使波傳遞的方向變得相反，振動的方式也不需要改變。如此一來就會像圖中一樣，當抵達自由端的是波峰時，反射回去的就會是波峰；抵達的是波谷時，反射回去的就會是波谷。

波在狹窄處的振動會受到限制

　　如果依時間來追蹤波形的變化，就會發現固定端通常會位在振幅位置為零、稱為**「節點」**之處，而自由端則會位在振幅的正負最大值、稱為**「波腹」**之處。因此，當可振動的長度範圍受到

限制時，波長就不會是一個隨便任意大小的值；換句話說，頻率也同樣不會是個隨意值。

在演奏管樂器時，演奏者藉由手指按壓樂器上的活塞按鍵來改變管子內部可產生波形振動的空間長度，從而讓音高產生變化。一旦管子的長度決定了，則該管長就只能發出固定的幾種聲音。舉例來說，像小號這類的銅管樂器，雖然在活塞位置不變的情況下，可以再另外發出頻率為原音兩倍的高八度音，但是並無法自由地發出介於八度音之間的其他頻率音高。

這也是為什麼無論管樂器或是弦樂器，只要為小型樂器音域就會較高，而低音則是由大型樂器來演奏的原因。物理現象中雖然有許許多多種類不同的波，但無論是什麼樣的波，被封閉於狹小空間中的波所能擁有的頻率通常都會受限。

波的反射

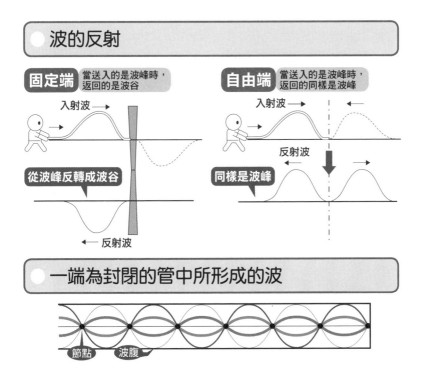

一端為封閉的管中所形成的波

05 自然界中充滿了共鳴

● 振動會讓振動的幅度變大

　　夏天的山上經常可以聽到蟬鳴，有些蟬的叫聲甚至會大到讓人覺得有點吵的程度。不過，蟬並不會為了發出聲音而賣力地鳴叫，事實上，蟬之所以能發出這麼大的聲音，是因為掌握了如何適當地讓空氣產生振動的訣竅，其身體構造能夠只運用少量的空氣，就可以藉由共鳴發出響亮的聲音。

　　不只是蟬，人類同樣也是運用聲帶的微小振動巧妙地轉變成大振動而發出聲音。此外在吹奏管樂器時，管子本身也不會振動，而是吹奏時所吐出的氣息讓管中的空氣產生振動而發出聲音。像這樣**藉由其他的振動來增大振動強度的現象**，就稱為「共鳴」。

　　另一方面，電波也能夠讓接收天線中的電子產生振動。平常我們隨性地轉換電視或是收音機的頻道時，其實就是在調動電視或收音機中的電路，使其能與電視台或電台發射出來的電波產生響應。此外，音響喇叭若要讓較不容易被聽見的低音可以盡量展現出來，也是需要在喇叭的共鳴效果上多下功夫。

　　我們可以把共鳴想像成是一種能量轉移到另一個擁有相同振動頻率的物體上的現象，通常振動在增幅上所使用的都會是初始振動源的能量。如右頁圖所示，當電流訊號通入喇叭內的線圈時，線圈因磁場所產生的振動，會透過振動板傳到連接的音盆上，然後藉由振膜的振動來推動空氣而發出聲音。

　　即使喇叭只透過一個音盆同時播放出多種管樂器、弦樂器或打擊樂器的聲音，這些不同的聲音還是能夠被個別辨認出來。這

是因為人類的大腦所具備的構造，能夠將耳內鼓膜所接受到混合在一起的音波，在轉換為訊號傳遞到大腦後，再一一地分離並對應為各個不同的樂器聲音；這也是在不可思議的共鳴現象之外，另一個令人感動的奇妙造化。

● 喇叭振動而發出聲音（疏密波）

❶ 在沒有發出聲響時，空氣是均勻的，沒有疏密之分

❷ 振膜振動向右時，A部分的空氣會被推向右邊，使A與B之間變密

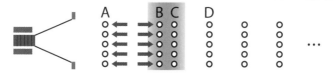

❸ 振膜回到原本的位置，使A與B之間變疏，B與C之間變密

❹ 振膜振動向左動時，C與D之間變密，B與C之間變疏

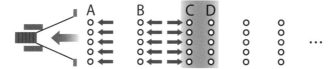

06 光的特性就是「急性子」

光的反射與折射

　　光會在鏡子或玻璃的表面反射，或是在水中產生折射。這些光的反射或折射現象，其實都遵循著一個非常簡單的定律。

　　光擁有直線前進的性質，因為這是光能夠最快速地傳遞的方法，光在反射時也同樣擁有這樣的特性。

　　例如在右頁圖中，當透過鏡子觀看物體 O 的時候，由物體 O 透過鏡子上的某點反射到達眼睛（E）的路徑，可以有無數多條的可能性，圖中則只畫出經過 A 點、B 點以及 C 點的三種情形，並另外在與鏡子垂直的直線上取 Q 點與 F 點，使 EQ ＝ FQ。此時我們已知，經過 B 點的路徑會比經過 A 點與 C 點的路徑都來得短（譯注：因 OBF 成一直線而為最短距離，又 BE=BF，使 OBE 的距離等於 OBF），因此反射光便會採用經由 B 點的路徑。此即所謂的「**費馬原理**」，也就是「**光所行走的路徑是兩點間最節省時間的路徑**」。

　　另外，由於圖中所繪的三角形 OBP 與三角形 EBQ 的形狀相同，因此還可以得知∠OBP 相等於∠EBQ，亦即「**入射角等於反射角**」。

光的折射

　　透過凸透鏡或是凹透鏡觀察物體時，會看到物體變大或是倒過來等現象，這些乍看之下十分複雜的透鏡原理，同樣可以藉由折射的原理來說明（參見 70 頁）。無論放大鏡或是位於夏威夷山

上的巨型望遠鏡「速霸陸」，其透鏡的形狀都是製作成能夠將某一點所發出來的光聚集到另一點上，當中所運用的原理即為：只要是透鏡，則「入射到透鏡中的光線必然會依據一定的規則產生折射」。

● 光在反射時所行走的路徑

反射定律

入射角＝反射角

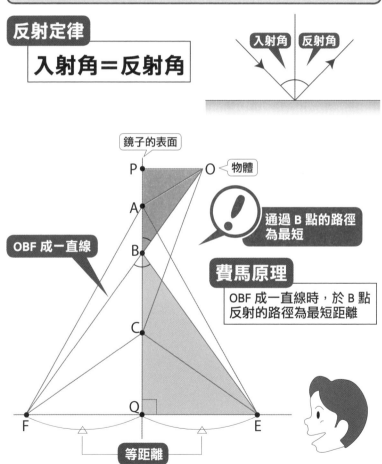

鏡子的表面

P

O ← **物體**

A

OBF 成一直線

B

❗ **通過 B 點的路徑為最短**

C

費馬原理

OBF 成一直線時，於 B 點反射的路徑為最短距離

F   Q   E

入射角 **反射角**

等距離

光的折射原理

● 光在介質中的行進速度決定「折射率」大小

首先舉個與光的折射有關又容易了解的例子。

在右頁圖裡，光在上方的真空環境中速度為 30 萬 [km/s]；而在下方的玻璃中，光的速度則為 20 萬 [km/s]。假設光行進所耗時最短的經過點是 O，則若光通過真空與玻璃之間界面的點偏離 O 點愈遠時，光從 P 點到 Q 點所需耗費的時間就愈長。

換句話說，如果以光行進的時間為縱軸、以界面為橫軸來製作圖表的話，就會得到一個以 O 點為最低點的 U 形曲線。若光通過的是與 O 點非常接近的 A 點，所需的時間會與最短耗時幾乎相同，也就是經由 CO 的需時與經由 AB 的需時幾乎一樣。

圖中 CO ＝ AO・sin i；而∠BOQ 雖然小於九十度，但若 QO 間的距離相當長的話，∠BOQ 就會接近九十度；因此，若把∠BOQ 當成九十度，就可以把∠AOB 當成與折射角 r 相等，如此一來就可以得到 AB ＝ AO・sin r。

另一方面，由於光在界面上方與下方的速度不同，而我們又假設通過 CO 所需的時間與 AB 相等，因此能得到：

$$\frac{AB}{20} = \frac{CO}{30}$$

由上式可得：

$$\frac{\sin i}{\sin r} = \frac{3}{2}$$

這樣一來，$\frac{3}{2}$ 這個值就與入射角 i 的大小無關，而單純只由光在上下方物質中的行進速度來決定；這個值即稱為「**折射率**」。

假設光在上方與下方物質中的速度分別為 V_1 與 V_2，則：

$$\frac{\sin i}{\sin r} = \frac{v_1}{v_2}$$

此外，由於光的頻率無論在何種物質中都是不變的，因此光速的改變是由波長的變化所造成。假設光在上方與下方物質中的波長分別為 λ_1 與 λ_2，則由關係式「（波的速度）＝（波長）×（頻率）」可得到：

$$\frac{v_1}{v_2} = \frac{\lambda_1}{\lambda_2}$$

換言之，光在折射率大於 1 的物質中，波長與速度都會比起在真空中來得小。

而折射現象之所以會發生，與光只會改變波長但頻率不變無關，而單純是因為光必然會選取行進所需時間最短的路徑而已。

● 光的折射

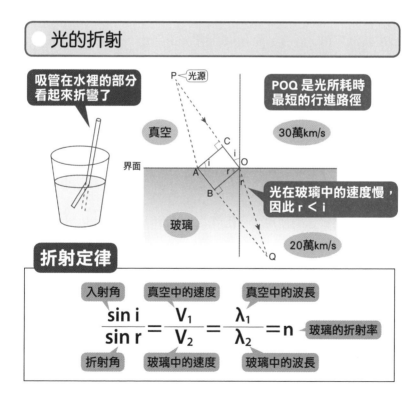

吸管在水裡的部分看起來折彎了

P 光源

真空

界面

C

i

A i

O

B r

r

玻璃

POQ 是光所耗時最短的行進路徑

30萬km/s

光在玻璃中的速度慢，因此 r ＜ i

20萬km/s

Q

折射定律

入射角　真空中的速度　真空中的波長

$$\frac{\sin i}{\sin r} = \frac{V_1}{V_2} = \frac{\lambda_1}{\lambda_2} = n \quad 玻璃的折射率$$

折射角　玻璃中的速度　玻璃中的波長

鑽石的寶貴價值來自「全反射」

當光以大角度入射時會產生「全反射」

由於光會採取耗時最短的路徑，因此無論途中通過了什麼樣的物質，只要 A 點發出的光能夠到達 B 點，則相反地由 B 點所發出的光，也能同樣經由相同的路徑到達 A 點。

在右頁圖解中，OQ 保持一定的距離，但 Q 點逐漸地靠近水面。由於從上一個單元的圖中已經知道角度 i 會比 r 大，因此當 Q 點逐漸靠近水面時，角度 i 會比 r 先達到九十度。

如此一來，當角度 r 夠大時，光就無法從水中入射到折射率相對較小的空氣中，而會全部在界面的下方反射回去。這種**光從折射率較大的物質前進到折射率較小的物質時所會發生的特殊現象**，就稱為「**全反射**」。檢查胃時所使用的胃鏡雖然是彎彎曲曲地抵達胃部，但由於光會在胃鏡的光纖內部產生全反射，所以就能夠藉此清楚地觀察到胃內部的樣子。

容易產生全反射的物質即使入射角 i 很大，折射角 r 也依然會很小。由於這兩種角度的比值就等於折射率，因此也可以說折射率愈大的物質就愈容易發生全反射。

舉例來說，石英玻璃的折射率大概是 1.5，而鑽石的折射率則是 2.4。如同右頁圖解所示，當光線進入折射率大的鑽石中時，即使入射角接近垂直，光依然會在其中發生全反射；也因此，進入到鑽石中的光必須要在其方向與鑽石表面的角度接近垂直時，才能夠反射出來。

但是，只要光線在多面體的鑽石內部中持續進行全反射，總會在某個時刻遇到得以射出到外部的角度面，因此，我們便可以

從鑽石所擁有的這許多小平面中，清楚地分辨出哪些面有發出光芒，哪些則沒有光芒射出；即使發出光芒的面很少，發光面與不發光面之間的差別也非常地顯著。就是因為這樣，鑽石才會閃閃發亮地讓人感到美麗，可以說鑽石的價值之所以高昂，不只因為它是極為堅硬的稀少物質，其折射率大而容易產生全反射也是原因之一。

● 折射率大時容易發生全反射

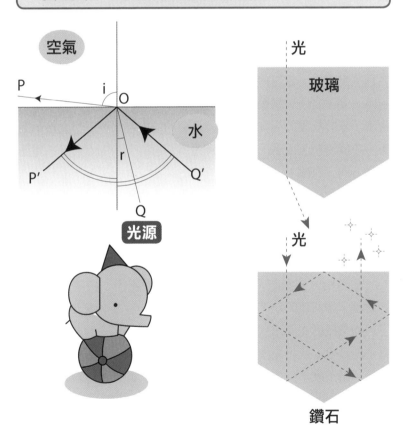

偏光濾鏡使水中之物也能清楚看見

反射光無法通過的濾鏡

當我們想要拍攝位於水中的東西時，往往最後只能拍得到水面。事實上，當水面的反射光太強時，人類的眼睛會適度將其削弱，所以我們能夠看得見水裡的東西；但是，底片對光的感應非常直接，因此在攝影時，底片所感受到的光大都來自於水面。

前面已經提過，光是橫波的一種。太陽所發出的自然光具有各種振動方向，當這些不同振動方向的光混合在一起入射到水面上時，並不是所有振動方向的光都會產生反射，而是如右頁圖解所示，只有振動的方向與入射及反射的方向都呈現垂直角度的光線，才能夠產生反射，其原因和光所引發的「表面水分子的電子振動方向」有關。

詳細會在第六章敘述，但簡要來說，電子只能發出振動方向與其自身相同的光；然而在水面上，水分子中的電子只能以與入射光呈現直角的方向來進行振動，因此反射光事實上是振動方向偏移的光，也就是「**偏光**」。

在照相或攝影時，為了將這種反射光遮掉，經常會使用偏光濾鏡。如右頁所示，偏光濾鏡中含有只能往某個方向振動的電子，如果反射光與這些電子的振動方向一致時，光的能量就會被電子所吸收，使得光無法通過偏光濾鏡；當兩者的振動方向不一致時，電子就不會振動而使光得以通過。把偏光濾鏡裝置在相機鏡頭前，一邊轉動一邊觀察混合了從水面而來的反射光的光線時，可以發現某個角度的光線最為明亮，這就是某一定振動方向的反射光所能通過的角度。

　　這時若把偏光濾鏡轉到與最明亮的角度呈九十度之處，此一定振動方向的反射光便無法通過，從相機觀景窗看到的影像就會最暗，但相對地照片裡就可以清楚拍出水中的東西了。

● 偏光濾鏡的原理

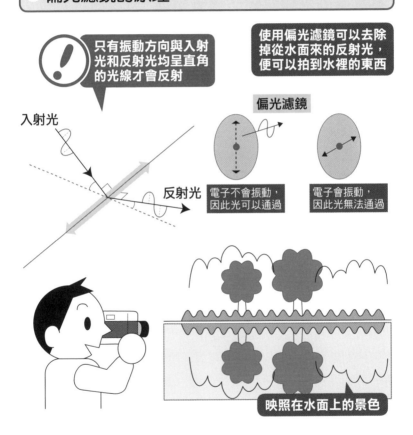

只有振動方向與入射光和反射光均呈直角的光線才會反射

使用偏光濾鏡可以去除掉從水面來的反射光，便可以拍到水裡的東西

入射光

反射光

偏光濾鏡

電子不會振動，因此光可以通過

電子會振動，因此光無法通過

映照在水面上的景色

可以通過狹縫的半圓形 ——波的繞射

波會從障礙物的後方繞過

在水面上平行前進的波若遇到中間有狹窄縫隙的障礙物時，當其從縫隙中穿越出來之後，形狀看起來就會像是以縫隙為新波源所形成的同心圓狀。之所以如此，是因為**波具有從障礙物的背後繞過的性質**，這種現象稱為「繞射」。

這個現象同樣可以藉由「波會選擇行走費時最短的路徑」的費馬原理來說明。當波來到狹縫時，會選擇耗時最短的路徑，由於只要是與縫隙等距的位置，波到達所需耗費的時間都相等，因此即使波前進的方向不是直的也無所謂，於是最後就形成了以半圓狀往各個方向擴展開來的樣子。

聲音同樣也會發生繞射的現象。人類所能聽見的聲音，頻率大約在 20～2 萬赫茲之間，而**頻率在 2 萬 Hz 以上的聲音**就稱為「**超音波**」。通常立體聲音響雖然需要兩顆喇叭，但接近 20Hz 左右的極低音喇叭則只需要一個就夠了；這是因為低音的波長比起高音來得長，相當容易產生繞射（聲音的指向性低），使聽的人無法判斷低音是從何處而來之故，所以要播放極低音時，只需要一個喇叭就夠了。

蝙蝠在夜間飛行時會發出超音波，以藉由反射回來的超音波來探知物體的存在。像小型的物體或像電線這樣細小的東西，必須要藉由不容易產生繞射的短波長音波才能辨別出來，而蝙蝠憑藉著本能所使用的超音波，正是波長極短、幾乎不會產生繞射的高指向性音波。

● 波的繞射

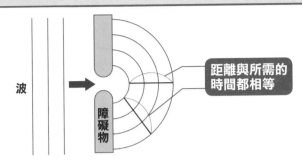

波

障礙物

距離與所需的
時間都相等

● 當波通過兩個縫隙時的繞射情形

波長比障礙物的寬度
短的時候

波長比障礙物的寬度長
的時候

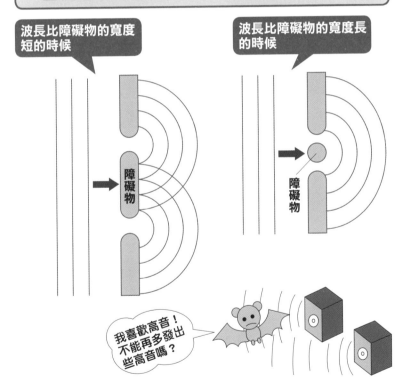

障礙物

障礙物

我喜歡高音！
不能再多發出
些高音嗎？

同心協力就是一種美？
波的各種干涉現象

 波長為整數倍時就會增強

「不要再干涉我的事了！」像這樣在日常生活中使用「干涉」這個詞時，通常指的都是不太好的意思；但是，許多量測儀器反而會利用干涉現象來發揮功用，因此干涉現象的存在對物理上來說反倒是值得慶幸。

右頁上圖中表示的是兩個波源所發出相同波長的光線同時到達觀測點的樣子。在圖（a）、（b）裡，路徑 II 都比路徑 I 來得長，不過圖（a）裡的兩道波相差為一個波長，圖（b）裡則是相差一點五個波長。雖然在圖（a）裡，兩個波在觀測點處的振幅都為零，但再過了四分之一個週期後，它們就會以最大的振幅重疊在一起。

換句話說，當兩道光程像圖（a）一樣相差一個波長時，所形成的合波就會變強。事實上，只要光程差為整數倍的波長，光的合波都會變強；但若光程差像圖（b）一樣存有尾數時，不同光源所發出的波就會各以波峰與波谷同時到達觀測點，而使得合波變弱。

像這樣**兩道波重疊而合在一起後變強或變弱的現象**，就稱為「干涉」。

而當波的振幅強度、亦即波峰的高度相同時，要如何同時分辨出由頻率略為不同的音源所發出的兩種聲音呢？

首先假設當時間為 O 時，兩道音波都處於波峰的狀態。這兩者雖然音速相同，但只要頻率不同，波長也會不同，因此接著的兩個波谷在到達的時間上便會有所差異，再接著的兩個波峰到

達的時間就會差得更多。如此在時間 A 時，實線所表示的波谷與虛線所表示的波峰便會同時到達。

　　將這兩個波的振幅合成之後，就可以想像其形成了一個波，且 O 到 A 點所連成的虛線為一個四分之一週期的波長，亦即兩個波合成為一個波長相當大的聲音；因此，聽到的人會感覺到有「乒、乒」的聲音以一定的時間週期逐漸加強。像這樣**音源的聲音週期性地變強**的現象，就稱為**「拍擊現象」**。

● 兩個波的干涉

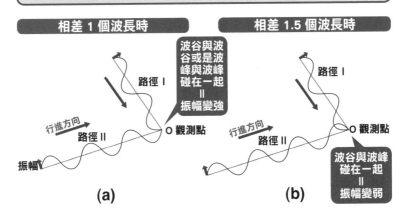

相差 1 個波長時

路徑 I

波谷與波谷或是波峰與波峰碰在一起＝振幅變強

行進方向
路徑 II

振幅

O 觀測點

(a)

相差 1.5 個波長時

路徑 I

行進方向
路徑 II

O 觀測點

波谷與波峰碰在一起＝振幅變弱

(b)

● 兩個波所形成的拍擊現象

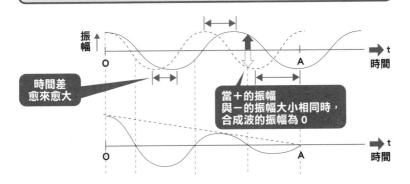

振幅

O

A

t 時間

時間差愈來愈大

當＋的振幅與一的振幅大小相同時，合成波的振幅為 0

O

A

t 時間

為何天空會被晚霞染紅

如果黃昏時看向太陽的方向，就會看見天空被晚霞染得火紅。這種現象是由光的「散射」所造成。「散射」正如其字面，是指光碰到物體時因為反射而四散的現象；而光碰到物體被反射回來，就表示其既未被吸收也沒有發生繞射現象。

如果以三稜鏡分解太陽光的話，可以看到從紫色到紅色的連續波長所形成的光譜。

大氣是由許多分子所組成的，當太陽光碰到大氣時，只有短波長的光會被大氣中的分子或懸浮粒子所反射，長波長的光則會由其後方繞射過去，這是因為長波長的光「看不見」微小粒子之故。概括來說，短波長的光就是藍光，這也是為何與太陽反方向的天空看起來藍藍的原因。

在傍晚或清晨時如果看向太陽，可以看到周圍的天空一帶紅紅的。這是因為太陽所發出的光裡頭，長波長的紅光因繞射而能不受到大氣中的分子或微粒所干擾，得以直直地前進；反之藍光則因為散射而減少，所以天空看起來會是紅的。空氣中的分子或微粒所扮演的角色，就如同光的篩子一般。

第4章

「熱力學」
一點也不難

01 當分子的運動愈來愈激烈，固體與液體就會變成氣體

物質的三態

　　宇宙中的大部分物質，都是以一種稱為「電漿」的狀態而存在，但是我們所生活的環境則是由固體、液體、氣體這「物質三態」所構成，像是水會變成冰或變成水蒸氣一般。雖然日常生活中只存有三態，但若再加上宇宙中的電漿，物質就有四種變化狀態。

　　物質會隨著溫度，在固體、液體或氣體這三種狀態間變化，並且在極高溫下形成電漿態。不過，從固體變成氣體並不需要太高的溫度；換句話說人類生活的環境，正好處在能夠充分體驗自然之美好的溫度範圍內。這一章裡，將再進一步加強第二章所提到的能量概念。

　　物質是由分子所集結而成，不過這些分子在固體、液體與氣體下的狀態，卻各自不同（參見右頁）。

　　在固體中，分子互相拉住，無法自由移動，因此各個分子只能以固定的位置為中心進行振動。當溫度提高時，振動的幅度則會隨之加大。

　　在液體中，分子之間雖然互相接觸，但單一分子也可以穿越彼此間的縫隙而移動，因此相鄰的分子並非固定不變。不過，由於相鄰分子間的距離與固體幾乎相同，因此密度與固體所差無幾。

　　在氣體中，由於分子的運動變得比液體時更加劇烈，因此得以掙脫與相鄰分子間的鍵結，而形成如同各自隨意運動般的狀態，也因此體積會顯著地增加。物質中的分子運動，就是這樣隨著溫度的升高而愈來愈活潑。

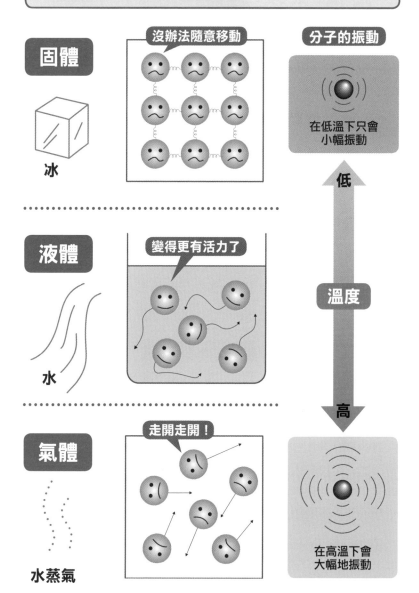

物質的三態與分子的振動

固體

冰

沒辦法隨意移動

分子的振動

在低溫下只會小幅振動

低

溫度

高

液體

水

變得更有活力了

氣體

水蒸氣

走開走開！

在高溫下會大幅地振動

水既不容易變熱
也不容易冷卻

比熱與熱容量

以爐火來煮水時，小杯分量的水雖然很快就會沸騰，但若是在水壺裡加滿水的話，就需要很長的時間才能沸騰。而且即使水量相同，讓溫度上升兩度所需的時間，也會是讓溫度上升一度所需時間的兩倍。

換句話說，「從爐火移動到物質上的熱 Q」與「上升的溫度 t」以及「質量 m」彼此之間都成正比關係。若將比例常數訂為 a，就可以表示成：

$$Q = amt$$

讓一公克的水上升攝氏一度所需要的熱，就是 m 和 t 都等於一時的 Q 值，此時 Q = a。這個 a 稱為「**比熱**」，amt 則稱為「**熱容量**」。a 的值愈大，就表示物質的比熱愈大，其溫度也愈難上升；不過，同時這也代表著在同樣的溫度下，a 值大的物質所含有的熱容量，會比同樣質量但 a 較小的物質來得高。

水就是比熱大的物質代表。正因為如此，海流才能將大量的能量由赤道攜帶到極地，提高極地的溫度，而讓整個地球都成為生物適於生存的環境。相反地，比熱小的物質，則包括了鉛與銀等。

除此之外，讓木頭與木頭在水中相互摩擦，也會造成水的溫度上升。這是因為木頭對抗了摩擦阻力而產生運動時的動能移到了水中，所以便造成水溫上升。因此，也可以將前面所稱呼的「熱」改稱為能量。

　　讓一公克的水上升攝氏一度所需的能量即**一卡路里**。在第二章時曾經提過施加一牛頓的力讓物體移動一公尺時所需的能量為一焦耳，而一卡路里就相當於 4.22 焦耳。

●「比熱」即讓物質溫度上升的難度

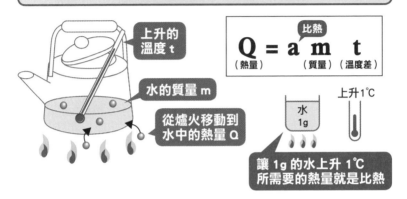

上升的溫度 t

水的質量 m

從爐火移動到水中的熱量 Q

$$Q = a \quad m \quad t$$
（熱量） （比熱） （質量）（溫度差）

上升1℃

水 1g

讓 1g 的水上升 1℃ 所需要的熱量就是比熱

● 各種物質的比熱

物質	比熱 [J]
鉛	0.129
銀	0.235
銅	0.379
鐵	0.435
鋁	0.880
酒精	2.29
水	4.22

（0℃時的比熱）

比熱較小時

加熱　1分鐘　馬上變熱

馬上冷卻

比熱較大時

加熱　30分鐘　不容易變熱

不容易冷卻

水的比熱很大 ❗

温度的高低即表示分子運動的程度

温度與熱的不同之處

　　物質在不同時候會有温度高和温度低的差別，這兩種情形下物質會有什麼不同呢？

　　如果把金屬線拿來反覆地凹折，即使不經加熱也會變熱。由此可知，熱並沒有類似像電子這樣的熱素粒子存在，温度的改變也不是因為有熱素粒子的移動而造成。另一方面，由木頭和木頭在水裡摩擦也會造成水温上升可知，作的功和上升的温度會成正比。此外，依據適用於氣體的「波以耳－查理定律」（參見93頁），温度會與壓力成正比。所謂「壓力」，為無數的分子撞擊裝入了該氣體的容器壁時施加的作用力所形成。

　　從上述可知，對氣體來說温度與分子的動能有關。而固體的分子雖然無法移動，但還是會在固定的位置上進行振動，當固體的温度高時，振動的情形就會比温度低時來得劇烈。換言之，**分子振動的能量大小就是温度的高低**。

　　不過，由於分子的尺寸非常小，因此無法藉由實際觀察分子的運動情形來判斷温度的高低，這就是為什麼很難將温度以分子的動能或振動能的概念來思考的緣故。

　　另一方面，從右頁圖中能量由木頭移至水的情形，可知**熱為分子的振動所產生的動能**。

　　對冰塊加熱時，温度會慢慢地上升到零度，但冰塊並不會在温度到達零度的瞬間一下就變成水，即使持續加熱，也會有一段時間是冰與水共存著。這是因為由冰塊變成水時，每1g的冰需要獲得80卡路里的「潛熱」；同樣地當水變成水蒸氣時，每1g

的水也會需要 539 卡路里的熱量；而當水蒸氣變成水時，則會反過來釋放出相同大小的熱量。

舉例來說，當含有水蒸氣的空氣碰到山脈而沿著山形上升時，水蒸氣會變成水而釋放出潛熱，使得空氣溫度會因潛熱而下降程度有限；接著，當這些空氣沿著山脈的另一側下降時，溫度會升高，且變得十分乾燥（譯注：因空氣中的水分在山脈左側凝結出來，而使空氣變乾，又乾空氣會使得空氣在下山時溫度上升的幅度變大），這就是所謂的「焚風現象」。

除此之外，在物理上通常會使用「高」、「低」來表示能量，而不使用「大」、「小」來形容，但本書為了方便讀者理解，便會以「大」、「小」來表示。

● 溫度與熱

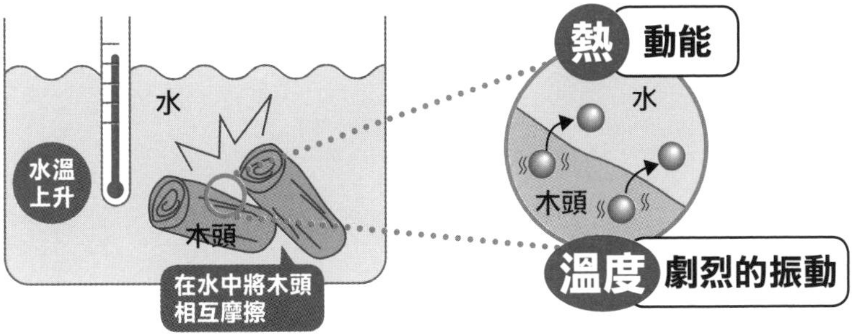

熱 動能
水
木頭
溫度 劇烈的振動

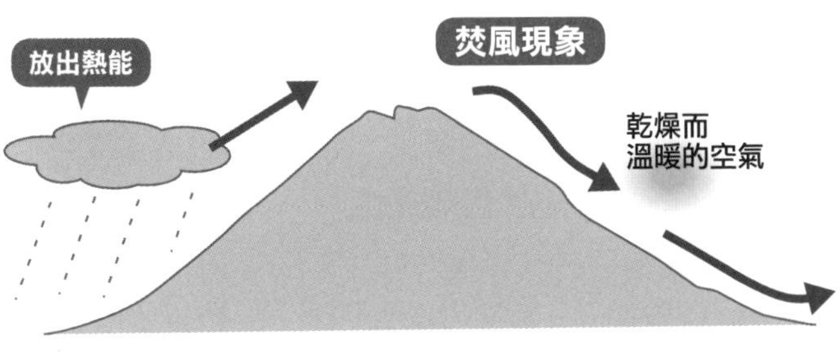

水溫上升
水
木頭
在水中將木頭相互摩擦

放出熱能
焚風現象
乾燥而溫暖的空氣

溫度的最低下限——「絕對零度」

● 氣體的體積與絕對零度的關係

物質的溫度下降，就表示運動中分子的能量變小了。無論是動能或振動能，其最低值都是「零」，而溫度自然也會有其最低的極限，那麼溫度的極限到底是多少呢？

溫度的下限可以藉由推導「**查理定律**」而得知，也就是「**當壓力固定時，若一定質量的氣體溫度上升（下降）1℃，其體積的增加（減少）會是 0℃時體積的 273 分之 1**」。

若假設某氣體在 0℃時的體積是 V_0，則當溫度上升 t℃時，體積會變成：

$$V_0 \quad + \quad \frac{t}{273} V_0$$

（0℃時的體積）　（上升 t℃所增加的體積）

亦即：

$$\frac{V_0(273 + t)}{273}$$

由於這裡可以將體積想成與 273 + t 成正比，因此也可以直接把 273 + t 當成新的溫度。其實嚴格來說，體積並非與 273 + t 完全成正比，但由於氣體的體積比起分子本身的體積大上許多，因此會非常接近正比的關係。而這種體積與溫度完全成正比的假設性氣體，就稱為「理想氣體」。

在新的溫度 273 + t 裡，如果 t 是負 273℃時，新的溫度 273 + t 就會變成 0，體積也會變成 0。由於氣體所擁有的體積是由氣體的運動範圍所形成，此外前述也曾提到溫度是分子運動

程度的表現，因此當氣體的體積為 0 時，就表示分子不再運動，也就意味著沒有比這更低的溫度了。

因此，**負 273℃ 便被定為「絕對零度」**，同樣地也可以把 **273＋t 稱為「絕對溫度」**，單位以 [K] 來表示。例如 300K 就相當於 27℃。

熱氣球之所以能浮起來，也可以用同樣的定律來解釋。如下圖所示，熱氣球的氣球下方是開放著與大氣相通，因此氣球內的壓力與大氣壓力相等；此外，瓦斯燃燒加熱後的空氣會從氣球的開口處被送到氣球內。根據查理定律，溫度升高時體積會增加，比重就會變小，而體積增加後多餘的空氣則會從氣球排出。換句話說，由於氣球中的空氣比重變小，就使得熱氣球能夠上升。

● 熱氣球會浮起來的原因

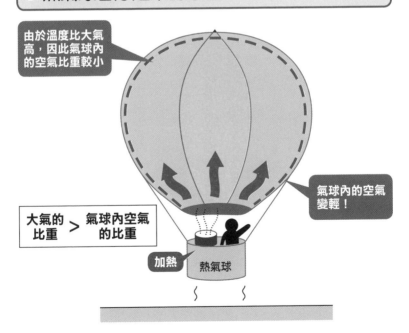

由於溫度比大氣高，因此氣球內的空氣比重較小

氣球內的空氣變輕！

大氣的比重 > 氣球內空氣的比重

加熱　熱氣球

05 壓力可用分子的質量、速度與密度來表示

 壓力的計算

　　要了解物質狀態的變化，最重要的一點就是要把壓力和溫度與分子的運動連結起來思考。接下來，便要針對壓力來加以探討。

　　在一立方公尺的氣體中，大約有「一兆的一兆倍」、幾乎可說是無數個的分子存在，這些分子在氣體中向四面八方來回地飛行，不斷地互相碰撞。氣體中的分子以每秒數百公尺的速度飛行，若氣體中有固體存在時，就會受到這些分子的撞擊；由於分子的數量非常多，因此無論在哪個瞬間都會有大約固定數目的分子與固體產生碰撞。這就是「壓力」的來源。

　　也就是說，所謂的**壓力就是氣體的分子與盛裝氣體的容器壁碰撞時產生的作用力總和**。由於計算上以每平方公尺所受的力來表示較便於比較，因此表示壓力所使用的單位為「牛頓／平方公尺 [N/m^2]」。

　　右頁圖解中，邊長為 1m 的立方體容器裡有質量為 m 的分子以平均速度 v 來回地飛行。當分子碰撞到容器壁時，其動量為 mv；當其被反彈回來時，由於動量的方向變得相反，因此動量的變化為 2mv。

　　「力」×「時間」的量稱為「**衝量**」，可以將其想成是與動量相同的東西，只是表示的形式不同。也就是說，當一個動量為 mv 的分子撞擊到容器壁時，會施予容器壁 2mv 的衝量。

　　接著要來計算一下在一秒之間撞擊到右側器壁的分子數目。空氣中的分子實際上的平均速度約為 500 [m/s]，是個相當大的

值，但為了便於理解，在此便假設分子的速度小於 1 [m/s]。當分子的速度為 0 < v < 1 [m/s] 時，能夠在一秒之內碰撞到器壁的分子，最遠也只有距離器壁 v [m] 的範圍以內分子才有可能在一秒間碰撞到器壁。

換句話說，在靠近右側器壁、厚度為 v [m] 的薄薄箱型空間內的分子，能夠在一秒內碰撞到器壁，但並不是裡頭的所有分子都可以如此，由於箱型空間中朝向上下、左右、前後這六個方向運動的分子數目大約相同，因此箱型空間中往右側運動的分子只有六分之一。

若分子的密度為 n [個 /m³]，則會有 $\frac{n}{6}$v 個分子撞擊到右壁，因此器壁於一秒間所受到的衝量為：

$$\frac{n}{6}v\,(2mv) = \frac{1}{3}nmv^2 = 壓力$$

由於壓力就是一平方公尺的面積上所受到的作用力，因此這個衝量就等於壓力。

⬤ 壓力是分子與壁面衝撞時的作用力的總和

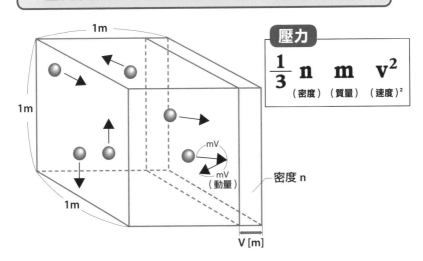

06 分子的動能與絕對溫度成正比

波以耳定律

　　若在體積為 V 的空間放入 N 個分子，密度 n 就會是 $\frac{N}{V}$，此時前一個單元裡用來表示壓力的式子就會變成：

$$P = \frac{1}{3}nmv^2 = \frac{2}{3} \times \frac{N}{V} \times \frac{mv^2}{2}$$

　　由上面的式子可知，當氣體的量 N 不變而體積 V 縮減時，壓力就會增加。當體積減少時，每平方公尺與器壁產生碰撞的分子就會增加，因此壓力也會隨之變大。$\frac{mv^2}{2}$ 是分子的平均動能，因此上式可以變換成：

$$PV = \frac{2}{3}N\left(\frac{mv^2}{2}\right)$$

　　這個式子表示當體積固定時，分子的動能愈大，則壓力愈高。在查理定律中，「壓力固定時，體積與溫度成正比」所表達的就是「體積與分子的動能成正比」。換句話說，「溫度」就相當於「分子的動能」。

　　當溫度固定、亦即動能不變的情況下，就會成立下面的關係式：

（壓力）×（體積）＝定值

　　此即「波以耳定律」。

　　由於查理定律可以用 V ＝（常數 a）×T（溫度）來表示，而波以耳定律則可以用 PV ＝（常數 b）來表示，由此可知常數 b 裡頭包含了溫度 T。因此若氣體為一莫耳時，把 b 重新寫

成（常數 R）×T，則這兩個定律就可以合在一起表示成 PV ＝ RT，其中 R 稱為「氣體常數」。在表示分子的數量時，經常會使用「莫耳」這個單位；而一莫耳就等於 6.02×10^{23} 個分子，因此當氣體為一莫耳時，則：

$$PV = \left(\frac{2}{3}\right)N \times \left(\frac{mv^2}{2}\right) = RT$$

也就是動能為：

$$\frac{mv^2}{2} = \left(\frac{3}{2}\right)\left(\overset{\overset{k}{\parallel}}{\frac{R}{N}}\right)T$$

當 N 為 1 莫耳時，$\frac{R}{N}$ 就代表「每個氣體分子的氣體常數」，通常稱之為「**波茲曼常數 k**」。

而查理定律與波以耳定律可以合在一起稱為「**波以耳一查理定律**」，並能夠表示為：

$$\underset{(溫度)}{\overset{(壓力) \times (體積)}{\frac{PV}{T}}} = 定值（T = 273 + t）$$

這個值即為氣體常數 R（當氣體為一莫耳時）。

由於分子的動能（$\frac{3}{2}kT$）與絕對溫度 T 成正比，因此溫度可以直接用來表示分子動能的大小。換句話說，也可以說「能量的單位與溫度的單位可以互相轉換」。

● 氣體的壓力與體積成反比

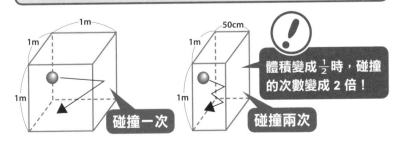

07 能量可以轉變成各種形式

 ## 能量會以各式各樣的樣貌出現

接下來便要正式探討熱力學裡的一些重要定律。在開始之前，首先整理一下能量與熱的概念。

在第二章時，已經提到過「動能會轉變成位能，且能量保持恆定」，這時候的位能可表示為（重力）×（高度）；換句話說，能量可以表示成（作用力）×（運動的距離）。而能量除了能夠以力學的形式來表現外，還可以熱、化學、電、光等各式各樣的形式來展現。

人類在生存時所不可或缺的熱能，追本溯源其實是由太陽的核融合所產生。能量藉由陽光傳送，並透過植物的光合作用而蓄積成碳水化合物，人類就藉由食用這些碳水化合物，在體內將其氧化後獲得活動所需的能量。即便是食用肉類藉以燃燒其中所含的脂肪與蛋白質獲得能量，原本的動物脂肪與蛋白質也是動物攝取自植物所得的。

正如之前所提到過的「能量守恆定律」，能量既不會無緣無故產生，也不會消失不見。

 ## 熱能的移動

熱屬於能量的形式之一，在移動上可以分成「**對流**」、「**傳導**」與「**輻射**」三種方式。

在我們的四周，就有許許多多熱能移動的例子。比如說石油暖爐將加熱之後的空氣藉由風扇吹送到室內，然後再擴展到整個

房間，這時候的熱就是藉由空氣的流動、亦即「對流」而移動。

此外當感冒發燒時，以冰塊來降低頭部的溫度或是用懷爐來溫暖身體等，便是利用熱的「傳導」現象。此外溫度計本身利用的也是熱的「傳導」，熱由室內的空氣傳到溫度計內的酒精時，就會使得酒精的體積產生變化。

如下圖所示，水壺中的水沸騰時，熱的三種移動方式會同時發生。從爐火而來的熱不只會移動到水壺，還有一部分會以紅外線的「輻射」方式逸散出來。

● 熱能有三種移動方式

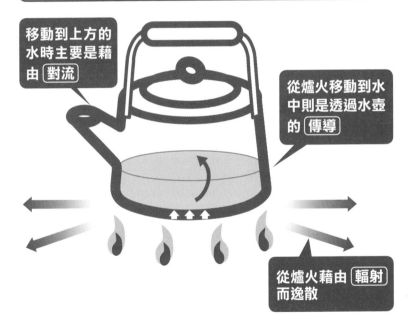

移動到上方的水時主要是藉由 [對流]

從爐火移動到水中則是透過水壺的 [傳導]

從爐火藉由 [輻射] 而逸散

08 熱力學第一定律即「能量守恆定律」

熱能

　　在物理上，施加作用力使物體移動稱為「作功」。前面已經提過（作用力）×（距離）＝（能量），因此「功」就是「能量」的別名。

　　高溫的物體由於擁有「熱能」，因此能夠作功；用物理的語言來講的話，就是「熱能」可以轉變為「功」。

　　所謂的熱力學第一定律就是「**氣體所獲得的熱量會使其內能增加並向外作功**」，如右頁圖解所示。

　　酒精燈的火燄分子（酒精分子的氧化）的運動，會使得圓筒容器的內部分子運動變得更加激烈，並使活塞開始運動對外部作功。也就是說，從火燄所得到的能量 Q 中有一部分被施予在活塞外部。

　　所謂的內能，指的是圓筒容器內部個別分子動能的總和。也就是說火燄分子的動能 Q 變成了「圓筒容器內分子動能的增加量 $U_2 - U_1$」以及「活塞對外部施予作用力所作的功 W」。

　　以式子來表示的話就是：

$$Q = (U_2 - U_1) + W$$

　　如果把吸收的熱量 Q 比喻為賺入的金錢的話，內能所增加的量 $U_2 - U_1$ 就如同是儲蓄，而對外部所作的功就是剩錢所買來的東西。

絕對溫度就是內能的尺度

由於內能是各個分子動能的加總,因此只要知道單一分子所擁有的動能,就能把內能求出來。

先前已經說明過,單一分子動能的平均值為 $\frac{3kT}{2}$(參見 93 頁),因此只要所含的分子數目相同,就可以用這條式子來比較內能的大小。

若分子的總數為 N,則內能就是 $\frac{3NkT}{2}$(譯注:此處是指當氣體為一莫耳時的內能);若 N 是 n 莫耳時的分子數,則 Nk = nR,內能就變成 $\frac{3nkT}{2}$。

換句話說,只要確定理想氣體的分子數目,內能的大小就可以以溫度 T 來表示。

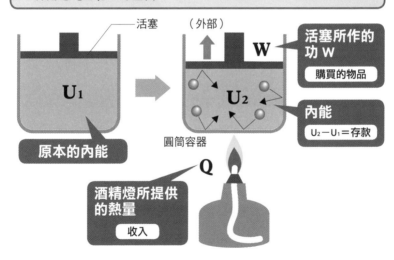

熱力學第一定律

活塞

（外部）

W

活塞所作的功 W

購買的物品

U_1

U_2

內能

$U_2 - U_1 =$ 存款

原本的內能

圓筒容器

Q

酒精燈所提供的熱量

收入

$$Q = (U_2 - U_1) + W$$
（熱）　　（內能增加的量）　　（對外部作的功）

09 獲得的熱能 有兩種瓜分方式

「定體積變化」時，所有的熱都會轉變成內能

　　氣體的壓力與體積和溫度之間，到底是什麼樣的關係呢？以下便來驗證看看

　　首先來看看體積不變而壓力和溫度改變時的情形。波以耳－查理定律可以表示成 $PV = nRT$。以 $\triangle$ 來表示微量的變化時，提供的熱量可以表示成 $\triangle Q$，增加的內能 $U_2 - U_1$ 可以表示成 $\triangle U$，對外部所作的功 W 則可以表示成 $P(\triangle V)$，因此：

　　$\triangle Q = \triangle U + P(\triangle V)$

　　由於體積不變，因此 $\triangle V = 0$，也就是 $\triangle Q$ 全都變成了 $\triangle U$。

　　由於內能可以藉由 $\frac{3nRT}{2}$ 求得，因此只要將式子裡的 T 換成 $\triangle T$，增加的內能 $\triangle U$ 就變成了 $\frac{3nR(\triangle T)}{2}$。

　　此時，$\triangle U$ 為 n 莫耳氣體中的內能，因此每莫耳氣體上升一度時所增加的內能就是 $\frac{3R}{2}$。這個值即氣體的「定體積比熱 Cv」，且在運用上無需考慮氣體的種類。

「定壓變化」時，內能與外部作功為一定比例

　　接下來看看當壓力一定時（定壓）的變化情形。假設有 n 莫耳的理想氣體獲得了 $\triangle Q$ 的熱量，並對外部作功。由於壓力 P 為定值，因此可以得到 $P(\triangle V) = nR(\triangle T)$。這就是氣體對外部所作的功的大小。

　　另外，在定壓變化時，「增加的內能」就會是 $\triangle U =$

$\dfrac{3nR(\Delta T)}{2}$ 。這是因為只要溫度改變，內能就會隨之改變的關係。

在此提醒要留意前述所提過的「內能可用溫度 T 來表示」。如果把「P（ΔV）＝ nR（ΔT）」中右項的 nR（ΔT）與增加的內能 $\dfrac{3nR(\Delta T)}{2}$ 拿來比較，就可以知道「增加的內能」是「氣體膨脹時對外部所作的功的 $\dfrac{3}{2}$ 倍」。

換句話說，在壓力一定時，氣體若獲得了五份的熱量，則其中的三份會蓄積為內能，剩下的兩份則會拿來對外部作功。

定壓變化

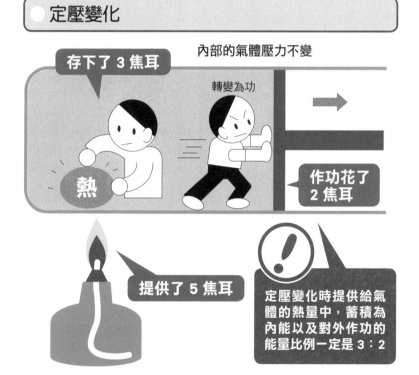

存下了 3 焦耳

內部的氣體壓力不變

轉變為功

熱

作功花了 2 焦耳

提供了 5 焦耳

定壓變化時提供給氣體的熱量中，蓄積為內能以及對外作功的能量比例一定是 3：2

10 在無火的情況下點火──絕熱變化

● 在「絕熱變化」中，內能與功互相交換

接下來，便要來探討當外部沒有提供熱量時的「絕熱變化。這種情況只要利用熱力學第一定律來看就會相當簡單，由於外部並未提供熱量，所以因膨脹而作功時，所作的功就只能由內能的變化而來。

若將裝入了高密度氣體的容器突然加大時，由於容器內部來不及從外部取得熱量，因此只能使用本身的內能，這樣一來容器內的溫度就會變低。這裡再提醒一次，內能的大小會與溫度直接相關。

上述現象就稱為「**絕熱膨脹**」，冰箱或冷氣的冷卻功能就是使用這個原理。在冰箱裡，因為絕熱膨脹而變得冰涼的冷卻用瓦斯會將熱氣所通過的金屬管冷卻，從而降低冰箱內的溫度。

反之，如果突然將氣體壓縮，溫度就會因為「**絕熱壓縮**」而上升。這是因為在很短的時間內進行壓縮，熱還來不及逃到外頭，於是突然之間所施加的功 W 就會全部被用在內能的增加上，而使得溫度急遽上升。

像是柴油引擎利用的就是「絕熱壓縮」的原理，亦即藉由將壓縮後的空氣吹入氣化後的輕油，使其自然點火。

目前為止關於熱力學第一定律「氣體所得到的熱量，會被分配到內能與功上面」，已經提到了兩條相關重要公式，為 $PV = nRT$ 以及 $\Delta Q = \Delta U + P(\Delta V)$。

● 絕熱變化

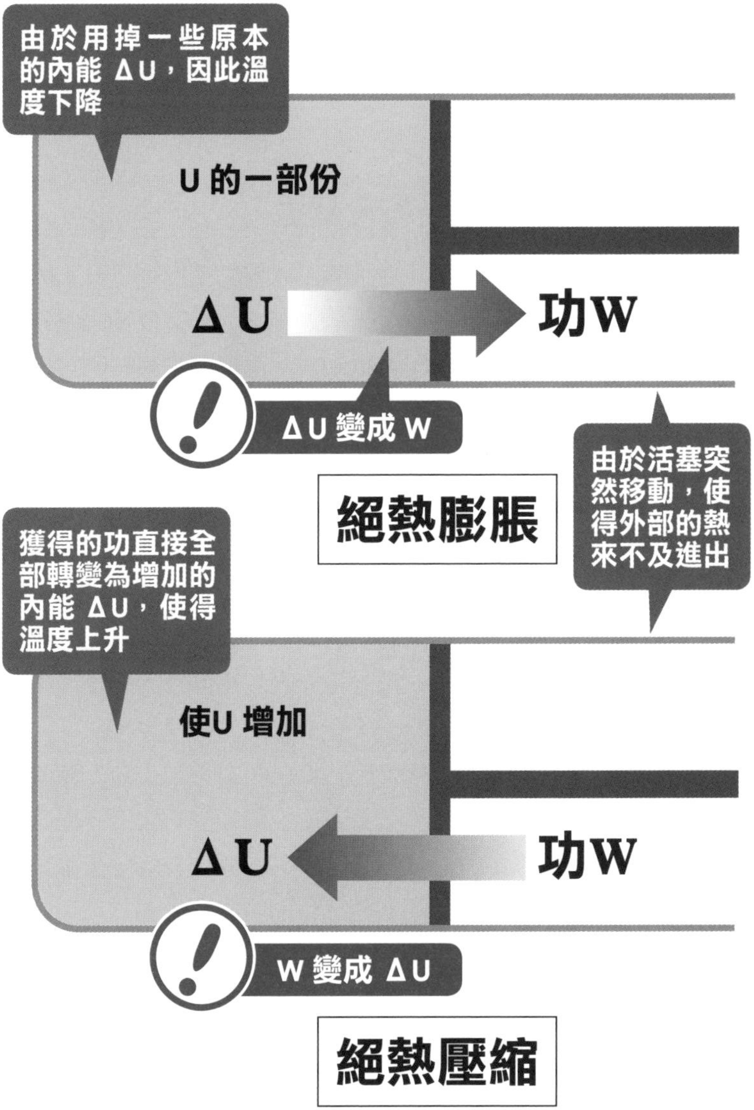

由於用掉一些原本的內能 ΔU，因此溫度下降

U 的一部份

ΔU ➡ **功W**

(!) ΔU 變成 W

由於活塞突然移動，使得外部的熱來不及進出

絕熱膨脹

獲得的功直接全部轉變為增加的內能 ΔU，使得溫度上升

使U 增加

ΔU ⬅ **功W**

(!) W 變成 ΔU

絕熱壓縮

覆水難收
即「熱力學第二定律」

熱能只會往單一方向傳遞

把裝有開水的水壺放在冰塊上時，冰塊的溫度會上升，開水的溫度則會下降；相反地不會有人看過開水的溫度反過來上升，冰塊的溫度下降。從這個例子可以知道「**除非藉由某些刻意的操作，否則熱不會從低溫物體移動到高溫物體**」，這就是「**熱力學第二定律**」。像這樣只會朝向某個方向產生的變化稱為「**不可逆變化**」，一般來說與熱有關的所有現象都是不可逆的。

事實上，由這個定律就可以看出熱力學的特徵。由於熱是從分子的運動所產生，因此似乎容易誤導人以為只要利用力學來解析分子的運動，就能夠說明所有的熱現象；但這是不可能的，因為無論是溫度、體積或壓力，都是用來表示整體性質的物理量，而我們並無法決定「個別的分子」在力學上的物理量。

如果從分子的世界來觀察熱的傳導，可以發現這是一種劇烈振動的分子讓鄰近的分子也產生振動、並將振動的幅度逐漸分配出去的現象。當許多的分子在振動時，其中大部分的分子都為平穩地振動，但若要反過來只讓某個部位的少數分子劇烈地振動是無法辦到的。

右頁下圖為一個箱子從中間用隔板隔開，在其中置入兩個粒子 A、B 的示意圖。粒子 A 是氧氣分子，粒子 B 是氮氣分子，並假設在箱子中只將兩種分子各放入一個粒子。當中間的隔板打開後，由於粒子可以向左或向右移動，因此經過一段時間後，就可能產生四種分布情形，其中粒子 A、B 依然位在左側的機率為四分之一。

這種回到「初始狀態」的機率，和這些粒子一開始是位於哪一側並無關聯。當同一個箱子中有三個粒子時，回到初始狀態的機率就變成了八分之一；而粒子數量就算僅僅增加到十個，機率也會變成 2^{10} 分之一，即 0.00098，可說是幾乎回不到初始的狀態。

熱力學第二定律

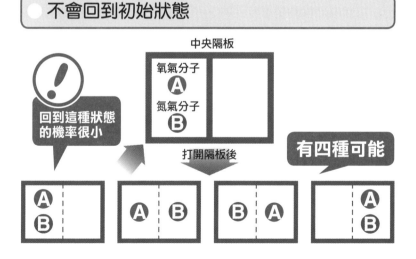

水壺的熱移動到冰塊

熱從**高溫物體**

反之 ✕ 無法發生

移向**低溫物體**

不會回到初始狀態

中央隔板

氧氣分子 **Ⓐ**
氮氣分子 **Ⓑ**

回到這種狀態的機率很小

打開隔板後

有四種可能

Ⓐ Ⓑ ┊ ｜ Ⓐ ┊ Ⓑ ｜ Ⓑ ┊ Ⓐ ｜ ┊ Ⓐ Ⓑ

12 熵只會不斷增大

什麼是熵

　　如果要把前一個單元裡所提到的熱力學第二定律表示成數學式，則必須再導入之前沒有提到過的物理量，而其中經常會使用到的的量之一就是「熵」。

　　右頁圖解中，容器裡分別注滿了水及熱開水，而由高溫 T 則有非常微小的熱量 q 移動到低溫 t 處。簡單地說，由於兩個熱源都十分地巨大，因此假設一點點熱量的進出並不會改變原本的溫度，於是就可以得到：

$$\frac{-q}{T} + \frac{+q}{t} > 0$$

　　這樣的熱移動是不可逆的。在不可逆的狀況下，（熱量／溫度）的合計值一定會增加（大於 0），q 愈大時，（熱量／溫度）增加量的合計值就愈大，接著 T 會逐漸變小，t 則逐漸變大，最後當（熱量／溫度）增加量的合計值達到最大時，熱就會停止流動。

　　這種熱從高溫的物體移動到低溫的物體，使兩者最後達到相同溫度的現象，就叫做「**熱平衡**」。

　　上頭的式子以非常簡短的方式表達出不可逆過程時熱的性質，是科學家在嘗試過以各式各樣的式子來表達熱的特徵之後，所留存下來的精華。這個式子裡的＋ q 和－ q 裡的 q，雖然都是 q，但是感覺起來卻似乎有點不同。這是因為即使同樣是熱量，但是在高溫物體中的熱與在低溫物體中的熱，兩者的性質不盡相同。

事實上，熱量 q 必須要與含有該熱量的物體的溫度一起表示才有意義。在前述的式子中，可以見到從高溫物體移動到低溫物體所進出的熱量，被整理成了（q／T）以及（q／t）兩個值，這樣一來就好像有一個（熱量／溫度）的物理量在物體之間移動。

這個以（熱量／溫度）來表示的量就稱為「熵」。當溫度為 T 的物體放出熱量 q 時，應當想成是物體放出了一個（q／T）的量，而不僅僅是放出熱量 q；而溫度為 t 的低溫熱源所獲得的熱量同樣是 q，但是其所獲得的熵卻是（q／t）。也就是說，高溫的熱源只放出了少量的熵，低溫的熱源卻獲得了多量的熵。由於熵的合計量會不斷地增加，因此在日文中這種現象又被稱為「熵值趨向極大定律」。當熵達到最大值時，就不會再增加也不會再減少，而所有的變化也於此時中止。

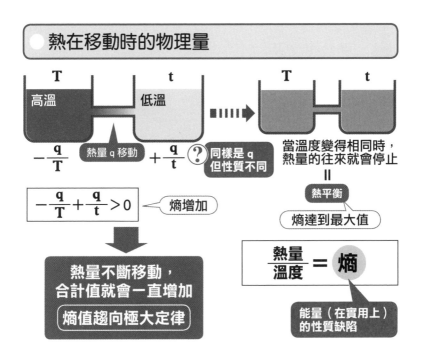

● 熱在移動時的物理量

為什麼保溫瓶裡的熱水不會冷掉？

把熱開水倒入保溫瓶之後，熱開水並不會很快地就冷掉，其原理究竟是什麼？

保溫瓶是由內外兩個容器重疊而成，兩個容器之間留有數公厘的真空間隙，外側以金屬或塑膠材質保護，而內側的容器與外側的容器則只在瓶口的部分相連。

前面曾提到過，熱能的移動有對流、傳導、輻射等三種機制。

當我們把熱開水加到保溫瓶中把瓶塞蓋上後，熱開水雖然會在內側的容器中對流，但不會流入外側容器內，因此熱並不會因為對流而釋放出來。

此外，內側的容器被研磨得有如鏡子一般，因此熱開水雖然會不斷以放出紅外線的方式釋放出熱能，但這些紅外線又會因為鏡面反射而再度回到熱開水中，所以熱也不容易藉由輻射方式釋放到外界。

最後一個機制「傳導」，則因為內側容器與外側容器間為真空環境而被遮斷。只是，由於內側容器與外側容器在瓶口的部分仍然連接在一起，因此熱或多或少會藉由瓶口的接觸部分以傳導方式流到外側容器，而無法完全地避免熱的逸散。

保溫瓶的構造雖然簡單，但卻能針對三種熱的移動機制，巧妙地避免熱的逸散，而達到保溫的目的。

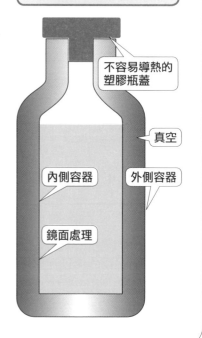

保溫瓶的構造

不容易導熱的塑膠瓶蓋

真空

內側容器

外側容器

鏡面處理

第 5 章

到底什麼是「電」？

「電」是因缺乏電子而產生

什麼是「電」？

　　人們最早了解與電有關的各種現象，大約是從兩百年前伏特發明了電池之後才開始。在這之前，電雖然以打雷等自然現象的形式出現，但人們卻不了解這到底是什麼樣的東西。

　　電會因為電荷的種類而擁有兩種相異的性質，質子帶有正電荷，電子則帶有負電荷。所有的物質都是由質子、中子以及電子這三種粒子所組成，在原子中，由於質子（正電荷）與電子（負電荷）間具有強大的吸引力，因此質子與電子的數目相同，使得原子呈現電中性的狀態（如右頁上圖）。而當電子的數目較少時，原子就會帶正電，電子的數目多時，原子則帶負電。質子與電子本身就是電荷，但有時候也會把帶有正電或負電的原子或分子稱為電荷。

　　電荷的特性為異性相吸，同性相斥。由於兩種電荷間的作用力非常地大，因此當原子的電荷失去平衡、帶負電荷的電子不足時，很容易便能迅速吸引到與失去的數量同等數目的負電荷，使得原子再度成為電中性。

　　當兩物體互相摩擦時，電子會從某物體移動到另一物體上，而正如第一章裡所提到的，電子的移動會使得物體帶電。人們雖然很早就知道這樣的現象，但由於多數物質的正負電荷數目都相等，並不會產生電，所以電的真面目相當晚才被發現。

庫侖定律

　　假設有兩電荷 q 與 q'，其彼此間的距離為 r，則兩者間的作用力 F 可以用下式來表示：

$$F = K \frac{qq'}{r^2}$$

（電荷量）

（靜電作用力）　（距離）^{2}　（K 為常數）

　　這個式子就是所謂的「**庫侖定律**」。庫侖同時也是用來表示電荷量的單位，通常用 [C] 來表示。有趣的是，庫侖定律的形式與用來描述重力的方程式非常地相似，因為已經有了牛頓的萬有引力公式在先，庫侖定律的發現就顯得較為不費力，畢竟正因為「站在巨人的肩膀上，才能夠讓人們看得更遠」。

● 電的祕密就在原子的構造中

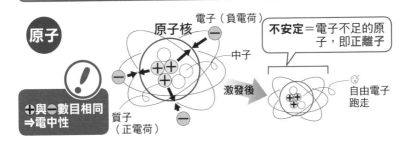

● 作用在電荷之間的兩種作用力

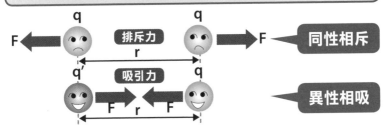

靜電作用力非常地強大

 測量靜電作用力!

　　無論是作用於兩電荷間的靜電作用力、或是作用於兩物體質量間的萬有引力,都是與兩者間的距離平方成反比,不過這兩種作用力的大小卻差距甚大。雖然一般來說,不同種類的東西不能放在一起比較,但若說作用於電子與電子間的靜電作用力,是作用於這兩者間萬有引力的 10^{43} 倍,如此一來大概就可以想像得到靜電作用力有多強大了。

　　接著就要來計算看看,當兩個一公克的鐵塊失去所有的電子時,剩餘的正電荷所造成的作用力大小。

　　首先假設在鐵的原子核中,質子與中子的數目相同,且物體間的距離為一公尺。由於質子與中子的質量同為 1.67×10^{-27} kg,因此一公克的鐵所含有的質子數為:

$$\frac{10^{-3}}{1.67 \times 10^{-27}} \text{ 的半數,即 } \frac{10^{-3}}{2 \times 1.67 \times 10^{-27}}$$

　　由於一個質子帶有 1.60×10^{-19} 庫侖的電荷,因此一公克的鐵含有的質子電荷量為:

$$\frac{(1.60 \times 10^{-19}) \times (10^{-3})}{2 \times 1.67 \times 10^{-27}} = 0.48 \times 10^{5} \text{(庫侖)}$$

　　而由於作用在兩個相距一公尺、分別為一庫侖的電荷之間的靜電力大小為 9×10^{9} [N](牛頓),因此 109 頁提過的庫侖定律可表示成:

$$F = \frac{9 \times 10^{9} q\, q'}{r^2} \text{[N]}$$

藉由這個式子來計算相距一公尺的兩鐵塊間的靜電作用力 F，就可以得到：

$$F = \frac{9 \times 10^9 \times (0.48 \times 10^5)^2}{1^2} = 2.1 \times 10^{19} \ [N]$$

在地球上，作用於每公斤物質上的重力大小為 9.8 [N]，因此把上頭的值除以 9.8 之後大約是 2.1×10^{18}，而這個作用力的大小就相當於是作用在 2000 兆噸物體上的重力。雖然在第一章中曾經提過靜電作用力比作用於原子核內的「強作用力」來得弱，但其力量仍然強大地驚人。

也就是因為有這種強大的力量作用於質子與電子之間，才使得大多數的物質能維持在安定的狀態下。

● 靜電作用力的大小

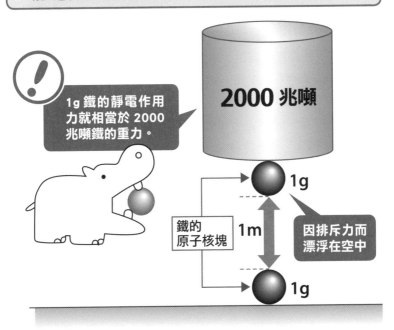

111

在電的世界裡，
占據高點同樣較為有利

● 電的「高度」是以伏特來表示

在前面的章節裡已經提到過「位於高處的物體移動（掉落）到低處時會作功」，這是因為地球的引力會將位於高處的物體往下拉引的緣故。

在電裡頭，正負電荷也會互相吸引，因此如果把負電荷想像成地球，正電荷想像成位於高處的物體，如此就可以得到類似的描述：「位於高處的正電荷會作功」。

在電的世界裡，**電荷所在位置的高度稱為「電位」**，而其高度差的大小則由「一庫侖的電荷移動時所作的功」來決定。換句話說，一庫侖的電荷所作的功就是電的世界裡高低的單位。**當一庫侖的電荷在高度（電位）不同的兩點間移動並作了一焦耳的功時，這兩點間的「高度差」就定為一伏特**，而此「高度差」也直接被稱為「電位差」。

如此一來，就決定了電的世界裡的高度單位為「伏特」=[V]。舉例來說，五伏特就是一庫侖的電荷下降時作了五焦耳功的高度。亦即，當有電位差為 V 伏特時，則位於高電位 V 的電荷 q 就擁有 qV 的位能。

電位的高低與重力作用方向的高低無關，因此如果負電荷位於上方時，高電位的位置就會是下方。雖然電位與重力一樣與空間裡的距離相關，但是其高度只是純粹便於想像用，並非真實的高低。

電的「高度」有各式各樣的基準點

　　地面上的地形高度都是由其與海平面的距離來決定，但在電的世界裡，決定基準點的方法有好幾種。下圖中把由正電荷 Q 與負電荷「－ Q」處開始向無限遠處延伸的電位當做是「0」，並繪出這些電荷所形成的電位大小，也標示出另一正電荷 q 所受的影響。正電荷 q 看起來像是位於「＋ Q」與「－ Q」所分別形成的電位山峰與山谷之間。

　　有時也會以地球為基準點來決定電位的高低，此時會把地球當成是「可導電的導體」。當把地球的電位當成「0」時，則 100 伏特指的就是電位比地球高上 100 伏特，這時候就不再稱這 100 伏特為電位差，而稱為「電壓」。

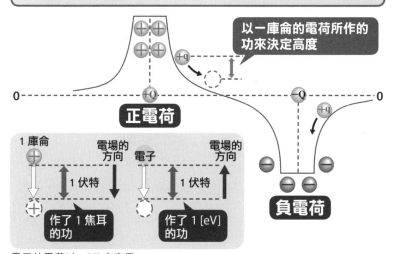

電子的電荷以 e [C] 來表示。
[eV] 就是兩個電位差為 1 伏特的電子間的位能差。

04 當相同的電荷互相靠近時……

電的位能

　　現在我們已經知道在高電位的電荷具有位能。電荷所擁有的能量與其正負性質無關，只與其所在位置的電位有關。

　　在本單元裡，就要來看看當原本互相遠離的兩個帶正電物體在靠近時會發生什麼事。由於正電荷間會彼此排斥，因此要使其靠近必須要提供相應的力量與能量，這就有點類似於右頁上圖中，把會從坡道上滾落的重球由下往上推一樣。也就是說，**當兩個同性的電荷接近而相鄰時，兩者間就會擁有非常大的「電位能」**。

　　根據愛因斯坦的相對論，質量也是能量的一種表現方式，若光速為 c 時，則質量為 m 的物體所擁有的能量可以表示為 $E = mc^2$。

　　這樣一來，當要將電子的質量換算為能量時，由於其質量 $m = 9.1 \times 10^{-31}$kg 以及光速 $c = 3 \times 10^8$ [m/s]（每秒公尺），因此可以得到：

$$E = (9.1 \times 10^{-31}) \times (3 \times 10^8)^2$$
$$= 8.19 \times 10^{-14} \text{ [J]}$$

　　由於 1 [eV] $= 1.6 \times 10^{-19}$ [J]，因此這個能量的大小就相當於 0.51 [MeV ＝百萬電子伏特]（譯注：因要將「焦耳」換算為「電子伏特」，而把 8.19×10^{-14} 除以 1.6×10^{-19}）。

　　若將這樣的想法加以衍伸，則含有大量能量的空間就會有重量，且當能量增加時，其質量也會增加。

於是假設有一個正電荷朝向放置於秤上的正電荷靠近（如右頁下圖），當兩個正電荷間愈來愈接近，秤的指針就會逐漸地指向更大的數值。當然，此處將質量的變化程度誇大了。而對單一的電荷來說，其所感受到的狀態就會如本頁的上圖所示。亦即需要提供相應的力量與能量，才能讓同性電荷相互靠近。

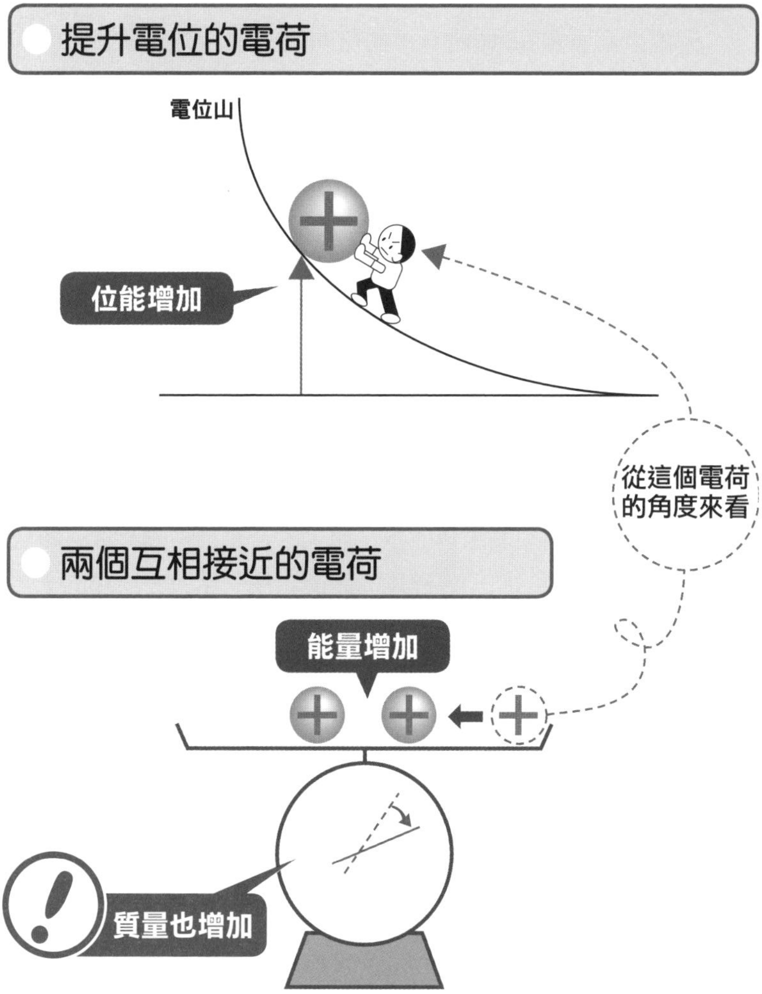

● 提升電位的電荷

電位山

位能增加

從這個電荷的角度來看

● 兩個互相接近的電荷

能量增加

質量也增加

05 原子核是儲存電能的罐頭

運用電位能的核能發電

　　接著來看看當 92 個帶有正電荷的質子相互靠到最緊密而集結成團塊時的情形。此時當中若再加上 146 或 143 個中子，就會形成鈾的原子核，而質子則是處於緊密集結的狀態。

　　這麼多的正電荷如此近地靠在一起，卻不會因為排斥力而四分五裂，原因就在於之前所提到、只存在於比鈾的直徑還小的距離內、但力量更強於靜電作用力的「核力」（參見 21 頁），這個核力會作用在質子之間、中子之間、以及質子與中子間。

　　不過，當我們利用中子去撞擊鈾的原子核時，原子核會四分五裂，此即核能發電上所運用的「**核分裂反應**」原理。

　　如果把這個現象倒帶回去觀察的話，就會發現如同前一單元（參見 115 頁）的圖一樣，當兩個電荷群接近到極限時，全體的質量會增加，而這些由位能轉化而來的質量，會轉變成在核分裂反應中四分五裂的原子核碎片的動能。換句話說，所謂的「核能」，在本質上其實就是電的位能。

　　當鈾發生核分裂反應時，會分裂成兩個質量數介在 100 ～ 150 之間的原子核，且這兩個原子核碎片加起來的總質量，會少於原本鈾的質量。電的位能大部分都會變成這兩個原子核的動能，並最後在核能發電的過程中轉變成熱能，用來產生能夠推動渦輪的蒸氣。

原子核的結合能

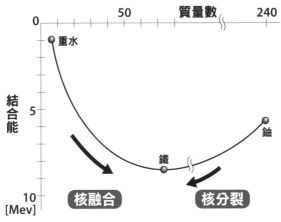

※「結合能」是將原子核分裂時所需的總能量，除以原子核內的質子數目後所得出的數值。（譯注：即把一個質子從原子核拿走所需的能量）

利用核分裂反應的核能發電

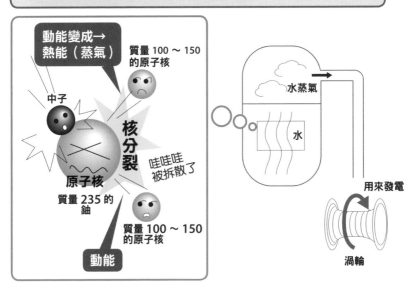

電也會受到來自空間的作用力

作用於電荷上的力

　　把球放在山坡上時，球會因為重力的作用而滾落下來，這時候坡度若愈大，球滾落下來的力量就愈大。

　　同樣地在電的世界裡，當電的山坡坡度愈陡峭時，電荷就愈容易滾落下來；反之，當坡度愈和緩時，電荷就愈不容易向下滾。此外，由於此作用力的大小也會與電荷量成正比，為求方便就以「作用於每一庫侖電荷上的力量」來表示；而這種**作用於每一庫侖電荷上的力量大小**就稱為「**電場的強度**」。

　　電位是由每一庫侖電荷所作的功來決定，電場則是由作用在每一庫侖電荷上的力所決定。以「高度」來表示每庫侖電荷所作的功即是「電位」，而由於（功）＝（力）×（距離），因此對一庫侖的電荷而言「（電位）＝（力）×（電荷移動的距離）」，而由此又可以推導出以下的關係式：

$$
（作用於一庫侖電荷上的力）＝\frac{（電位）}{（電荷移動的距離）}
$$
$$
＝（電位所形成的山坡坡度）
$$

　　山坡的坡度，即電位的梯度是以每公尺的電位差來表示，因此電場強度的單位就是 [V/m]（每公尺伏特）。若是了解微分的話就會知道，把電位當成函數，使其對距離微分的話，就可以得到電位的梯度（即電場的強度）。

　　這樣一來，當電荷 q 位於強度為 E [V/m] 的電場中時，其所受的作用力就會是：

$$（電荷）\times（電場的強度）= qE \text{ [N]}$$

電場的強度可直接稱為「電場」或是「電界」，一般來說以「電場」較為常用，因此接下來便會以「電場」來表示「電場的強度」。由於電場同時具有大小與方向性，因此也是一個向量。

● 電場的強度即坡度

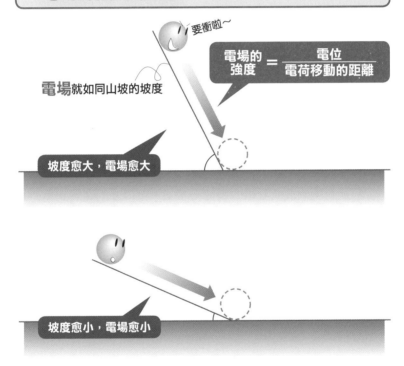

要衝啦~

電場就如同山坡的坡度

$$電場的強度 = \frac{電位}{電荷移動的距離}$$

坡度愈大，電場愈大

坡度愈小，電場愈小

空間在肉眼不可見之下改變了

電場可用電力線來表示

電場的強度可以藉由電荷所發散出來的虛擬「電力線」來表示。**正電荷會放出與其帶電量成正比的電力線，而負電荷則會收斂與其帶電量成正比的電力線，**當電荷碰到這些電力線時就會受力。即使電荷本身的帶電量相同，但只要碰到的電力線愈多，則受到的作用力也會愈大。由於電力線會標示出電場的方向，因此可以幫助我們更容易地了解當電荷不移動時的現象。

根據庫侖定律，「當兩電荷的帶電量一定時，作用於兩電荷上的作用力會與兩電荷間的距離成反比」，接下來便用電荷所發散出的電力線來探討一下這時的狀況。

假設有兩個彼此分離的電荷 Q 與 q，電荷 q 因碰觸到電荷 Q 所放出的電力線而受力，此時電荷 Q 就像海膽一樣，往四面八方放出筆直的電力線。電力線在距離電荷 Q 兩公尺處的密度會是距離一公尺處密度的四分之一，而由於電荷 q 在此處所接觸到的電力線數量也會變成四分之一，因此電荷 q 受到的作用力便也是四分之一。藉由這種方式，就能夠很容易地利用電力線來想像電場的強度。

電所形成的「場」的概念

從前面對於電力線的討論，應該可以想像得到，電荷即使在沒有「受力電荷」存在的情況下，依然會發出「作用力根源」的電力線，散布在其周圍空間。

為了表示這種作用力，便把庫侖定律改寫為如下：

$$F = \frac{kqq'}{r^2} = \left(\frac{kq}{r^2} \right) q'$$

這時候應該把括弧中的項目想像成「實際存在的東西」。即使在距離為 r 之處沒有第二個電荷 q' 的存在，因而缺少了得知空間變化的方法，還是應該把該空間想像成是由 q 所形成的新的空間。換句話說，施力的實體即是由電荷 q 所形成的「東西」，這個實體形成後，只有其根源的電荷 q 可以將其除去。而這個「東西」，就稱為「電荷所及的場」，或直接稱為「電場」。之前，已經以「電場的強度」說明過「電場」，而這種「場」的概念則是由英國的法拉第所提出。

電力線與電場

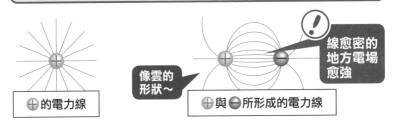

+ 的電力線

像雲的形狀～

+ 與 - 所形成的電力線

線愈密的地方電場愈強

電荷所形成的場

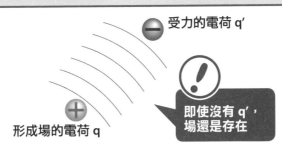

受力的電荷 q'

形成場的電荷 q

即使沒有 q'，場還是存在

08 金屬會散發出光澤是因電子快速移動所致

自由電子會為了使電場為零而移動

容易讓電通過的物體稱為「導體」，右頁上圖中是固體導體位於電場中的樣子。在導體中會有能夠在固體中自由移動的電子，以及這些電子移動後所留下來的正離子。

所謂的「離子」指的是在電解時會因為電場而移動的帶正電或帶負電的原子或分子，為法拉第以希臘語中的「移動」一辭所命名。

除了離子之外，固體中還有許多的**自由電子**。所謂的自由電子是**能夠在真空中或物質中自由移動的電子**；在圍繞著原子核周圍的電子當中，受到來自於原子的束縛力最小的就是自由電子。

固體中的自由電子並不會因為外部電場（在右頁上圖中為方向往右）的影響，就全部靠到左側去（譯注：電子與電場均帶負電，因此正電荷會隨電場右移，電子則會左移），假設靠到左側的電子太多的話，則右側的正電荷也會相對變多，並使導體內形成相當大的向左電場（譯注：亦即固體內部通常會保持電場為零）。

金屬的光澤是因自由電子快速移動之故

導體的特徵就是電子可以在其中自由地移動，因此電子會在電場消失之前持續地移動，直到電子的分布使得導體內部的電場完全成為零為止。

金屬是最具代表性的固體導體。由於肉眼可見的光也是電磁波的一種，因此其所形成的電場也能夠讓金屬表面的自由電子快

速地移動；結果，這些金屬表面的自由電子為了形成彼此之間不產生作用力的安定電子分布狀態（即讓金屬內部的電場一直保持為零）而不斷快速移動，如此外部的電磁波、也就是電場便無法進入到金屬中。於是，光便會因為被遮斷，而從金屬的表面反射回來。就是因為這樣，金屬的外表看起來便會閃閃發亮的。

● 電場中金屬表面的電荷分布

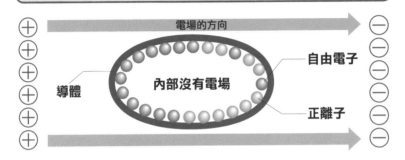

● 金屬表面自由電子的運動

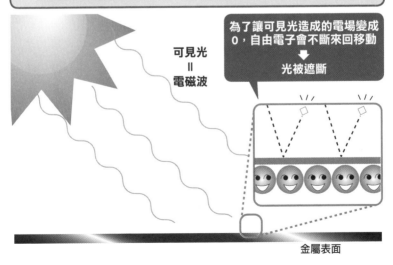

09 在汽車裡就算打雷也很安全

● 等電位與靜電遮蔽

　　所謂電場即是電位的梯度，而由於導體內部並沒有這樣的梯度，因此導體從此端到彼端的電位都相同，也就是「等電位」。在這個地方比較容易搞錯的是，雖然說是等電位，但電位可能是十伏特，也有可能是零伏特。

　　此外，就算將導體的內部挖空，讓殘餘的導體盡可能地變薄時，導體中的任何部位電位都還是相同的，而導體內中空部分的各處電位也都相同。這時候不管外部的電場多大，中空內部的電場強度都會保持為零（參見右頁上圖），這種現象就稱為「**靜電遮蔽**」。

　　舉例來說，在打雷的時後，如果人待在金屬製的汽車中的話，並不會觸電。由於雷的電荷在沒有電場的情況下無法移動，因此即使雷落到中空導體上，電流也不會流進內部。在鋼筋水泥的建築中收音機的收訊之所以不佳，也是因為建築物內部無法形成電場的緣故。

● 靜電感應

　　另一方面，當原本電中性的導體靠近帶電的絕緣物體（電不易通過的物質）時，會導致內部的正負電荷分開來的現象，就稱為「**靜電感應**」。當絕緣物體帶的是正電時，導體內帶負電的自由電子會被吸引到靠近絕緣體的一端，而遠離絕緣物體的一端則呈現自由電子不足的狀態；結果就是，導體在靠近絕緣物體那邊

為負電荷，而遠離絕緣物體那邊為正電荷。但即使如此，導體還是會維持等電位的狀態，內部的電場依舊為零。

● 靜電感應

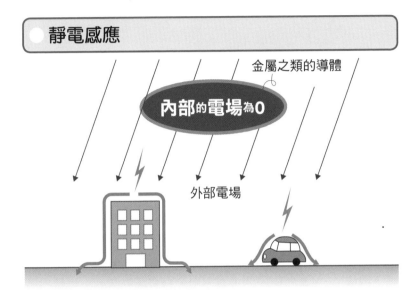

● 應用靜電感應的避雷針

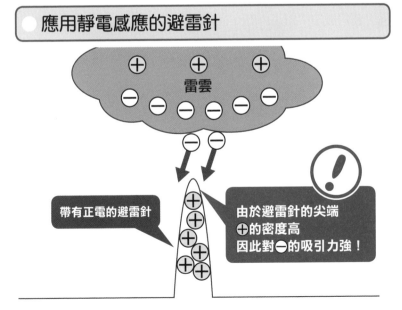

10 電容器是儲存電的倉庫

電容器的原理

　　由於電荷間彼此具有強大的排斥力，因此要將同性的電荷大量地儲存在同一個地方並不容易。那麼，有沒有什麼方式可以把電荷收集在一起呢？

　　在電氣電路中常用的零件裡頭，包含了電容器與線圈。雖然電容器與電池都是電荷的供給源，但如果從電荷的移動方式來考量的話，電池只是單純形成電位差的電荷泵，而電容器才是蓄積電荷的元件。

　　電容器是由兩片平行的金屬電極板所組成，這種金屬板就稱為「**極板**」。在實際使用的電容器中，會將薄膜狀的可撓性電極捲起來，以縮減電容器的體積。把電容器接上電池與導線繞成一圈，就形成了「電子回路（或稱電路）」。在這樣的電路中，電容器的兩個極板與導線裡會有非常多的自由電子，同時電路中也有著與自由電子等電荷量的正離子存在。

　　在電路裡，電池會把電子從正極端汲取到負極端。由於電路整體的正負電荷量其實正好相等，因此當電子被汲取到負極端時，正極端的電子就會呈現不足的狀態。

　　換句話說，電容器的兩個金屬電極板原本就各自帶有大量的電子，當電容器充電時，負極的地方會蓄積「多餘的電子」，而正極的地方則少了這些「多餘的電子」，使其看起來就像是蓄積了「多餘的正離子」一樣。

　　在電容器的極板中，電池所汲取的電子與電子被汲取後形成的正電荷會形成相對的狀態，而產生非常大的靜電吸引力，因此

這時候就算把電池拿掉，電荷也不會跑掉。電容器就是藉由這樣的機制而達到蓄電的功能。蓄電的能力是由每施加一伏特時所能儲存的電荷量來決定，通常稱為「**電容量**」或是「**靜電容量**」。

● 電容器的電荷分布

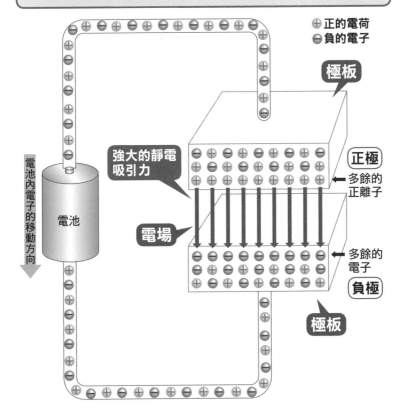

⊕ 正的電荷
⊖ 負的電子

極板

強大的靜電吸引力

正極
多餘的正離子

電場

多餘的電子

負極

極板

電池

電池內電子的移動方向

127

11 如何儲存大量的電

倉庫的地板要寬，天花板要低

　　要怎麼樣才能在電容器中儲存大量的電呢？若電容器極板間的距離固定，則只要極板單位面積上的電荷量（電荷密度）一樣，電容器極板之間的電壓差也會相同。極板上的電荷密度相同就表示電力線的密度也相同，並同時意味著電場是相同的。所謂的電壓（或稱電位差），指的是讓一庫侖的電荷在電場中逆向移動所需作的功，因此當電場相同時，電位差也會相同。

　　這樣一來，只要電池的電壓與極板的間隔都固定時，**電容器所能蓄積的電荷量就會與電容器的極板面積成正比**。這和倉庫的面積愈寬廣時，能夠存放的貨物就愈多的道理一樣。

　　除此之外，電容量也會隨著電極間的距離而改變。如右頁左側圖所示，當極板間隔為兩公厘的電容器與電壓為一伏特的電池連接時，正電荷與負電荷會分別蓄積在兩片極板上；此外在右側圖中，一樣把極板面積相同的電容器同樣地接上一伏特的電池，只是把極板間的距離改成原本的一半，也就是一公厘。在這兩種情況裡，電池的電壓都是不變的。一伏特是讓一庫侖的正電荷因為受到「作用在電荷上的力」而逆向從負極離開、並抵達正極時所作的「功」；而在右側圖裡，電荷移動的「距離」雖然減半了，一庫侖的電荷所作的「功」卻不變（譯注：因為電壓不變，電位差就不會改變，因此功不變，亦即極板間的距離與電荷作的功無關），然而根據這樣的關係式：

（功）＝（作用在電荷上的力）×（距離）

如果這時候極板間的「作用在電荷上的力」沒有成為兩倍,就無法符合這個式子,因此極板間的電荷密度就會變成兩倍(譯注:亦即電荷量加倍,使「作用在電荷上的力」跟著倍增)。由此可知,即使電池的電壓相同,但只要電容器極板間的距離減半,則所能蓄積的電荷量也會加倍。把這樣的想法加以延伸,就可以得到「**靜電容量與電容器極板間的距離成反比**」這樣的結論。

極板的間隔為兩公厘與一公厘時的電位以及斜率分別如下圖所示。從圖中可以明顯地觀察到在這兩種情形下,作用於兩極板間正電荷上的力量大小並不相同,一公厘時的斜率是兩公厘時的兩倍,因此其作用於電荷上的力量也會是兩倍。由於這裡的斜率所指的就是電場,因此可以得到這樣的關係式:

$$\frac{(電壓)}{(極板的間隔)} = (電場的強度)$$

● 電容器的電容量與電場

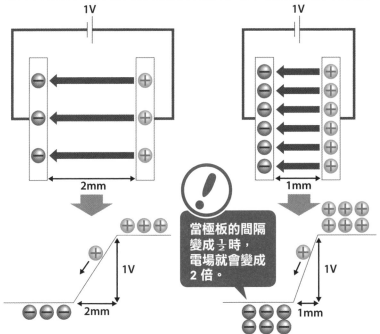

當極板的間隔變成 $\frac{1}{2}$ 時,電場就會變成 2 倍。

12 電阻是連接寬廣水道的細小水管

 電阻是電不易流過的地方

接著便要來看看，如果把電路中的電容器換成電阻會發生什麼情形？所謂的「**電阻**」，指的是雖然**可通電但比起導體來「電流較不易通過的物質**」，有時候也會用來指稱**電流流經某物質時的「困難度」**。如果將電子流經的電路比喻為水道，把流經的電子比喻為水的話，就很容易想像了。

由於電子可以自由地在導線上流動，因此可以把導線想像成非常寬廣的水道。若是導線的電位相同，就表示水道的水面高度也相同。另一方面，電阻就像是水不易通過的細小水管，當水流過時會與管壁產生摩擦而發熱，這和擁有質量的物體沿著具有摩擦力的斜面從高處滑落到低處時的情形很類似。

電學上通常定義「正電荷所在之處電位較高」，但若以實際上真正在電流中移動的電子的立場來看，右頁上圖中的上方電極側看起來反而是較低的。由於即使把電子想像成不移動、而在水道中流動為正電荷時，並不會有什麼不同，因此接下來的討論便假設在移動的均為正電荷。

 當長度增加時，電阻也會隨之增加

如果把「電阻」想像成水流經水管時的情形，就可以把大小相同的兩個電阻想像成是兩個長度與管徑都相等的水管。

如果把電阻並聯在一起，由於可流經的截面積變成兩倍，因此每秒可流過的水量就會變成兩倍，這也就意味著水流經時所遭

遇的阻力變成一半。換句話說，當兩個同樣大小的**電阻並聯時，
整體的電阻就會變成一半**。

而如果把兩個大小相同的電阻串聯在一起時，就像是原本
的管子長度變成了兩倍長一樣，水通過時所受的阻力也會變成兩
倍，而造成每秒所能流過的水量變成一半。也就是說當兩個大小
相同的**電阻串聯時，整體的電阻就會變成兩倍**。

● 電阻的機制

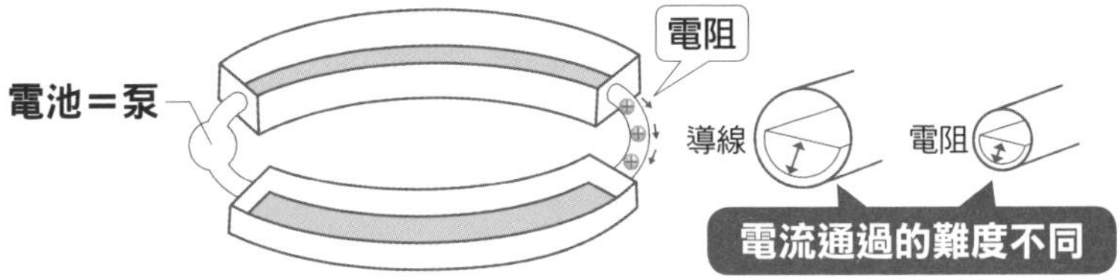

電池＝泵

導線　電阻

電阻

電流通過的難度不同

● 電阻的連接方式

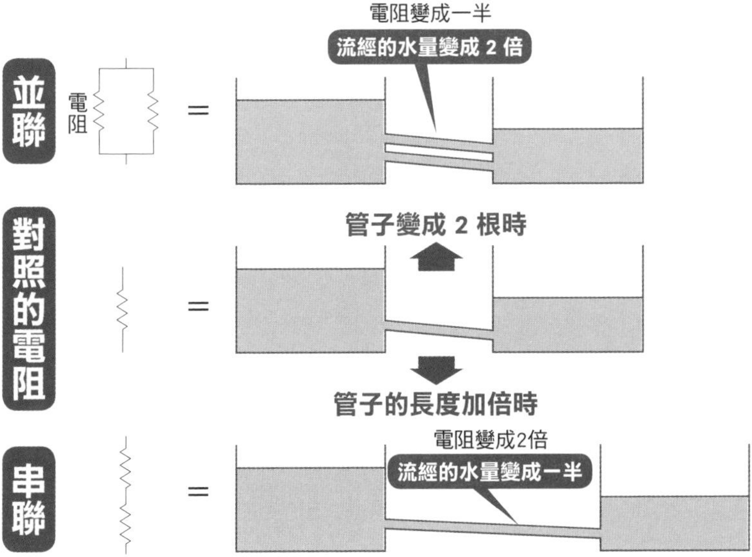

並聯

電阻

＝

電阻變成一半
流經的水量變成 2 倍

對照的電阻

＝

管子變成 2 根時

管子的長度加倍時

串聯

＝

電阻變成2倍
流經的水量變成一半

13 電的流動──電流

一安培電流相當於
每秒通過六百萬倍的一兆個電子

　　所謂的電流是指正負電荷互相吸引，為填補電荷的不足而使得電荷移動的現象。大多數的情形下，都是由負電荷、也就是電子在進行移動。

　　電流的大小為每秒鐘電所流經的導體截面積上通過的電荷量所決定。假設在時間 t 秒內共流經了 q 庫侖的電荷，便可以得到下面的式子：

$$\underset{\text{(電流)}}{I} = \dfrac{\overset{\text{(電荷)}}{q}}{\underset{\text{(時間)}}{t}}$$

　　安培是電流的單位，一安培即為每秒鐘流過一庫侖的電荷量。一個電子所帶的電荷量是固定的（基礎電荷量），一庫侖就相當於 6×10^{18} 個電子所帶的電荷量；也就是說，當流過的電流大小為一安培時，便代表一秒鐘內通過了 6×10^{18} 個電子。

　　簡單地說，電流就是把許多電荷總合為一個整體來描述其運動的物理量。在右頁圖裡，從左側來的一安培和從右側來的兩安培電流匯合之後，就會變成三安培，此即所謂的「**克希荷夫第一定律**」。這就類似於把電子想像成砂子時，由於一顆顆地數起來太麻煩，所以會以砂石車的最大積載量（6×10^{18}）為基準，用幾車幾車（數安培）的單位來計算運送量一樣。

　　但是，由於電流的流向被定義為正電荷移動的方向，因此電流方向會正好與電子的流動方向相反。在右頁圖裡，我們把砂石車上所蓄積的電荷改成「正的電子」，這樣一來就可以用有多少

台砂石車來表示每秒鐘所流經的電流大小。

任何電路繞行一圈後一定會回到原本的電壓

前面已經定義了一安培的大小,接下來就可以決定「電阻」的單位。我們把施加一伏特的電壓時,**能讓一安培的電流通過的電阻大小定義為一「歐姆＝Ω」**。換言之,當一安培的電流通過一歐姆的電阻時,電阻兩端的電壓差就會是一伏特。

如果以電位高的地方為基準點,這時候電壓差就稱為「電壓降」。也就是說,通常可以藉由通過電阻的電流來表示因為電阻所造成的電壓降,亦即(電壓降)＝(電流)×(電阻值)。在131頁的圖裡,我們把電阻想像成水由上方往下方流時所通過的水管;而電池為了汲取電荷會提高電位,並讓電阻的電位降低,且不管電池或電阻增加了多少,都一定會遵守這樣的原則,並最後在繞行電路一周後,讓電位回復到原本的高度。這就是「**克希荷夫第二定律**」。

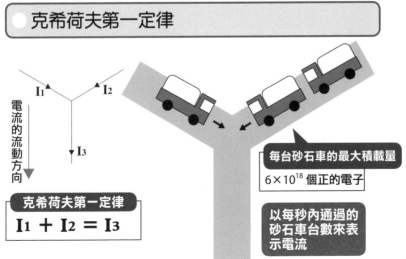

● 克希荷夫第一定律

電流的流動方向

I_1

I_2

I_3

克希荷夫第一定律

$$I_1 + I_2 = I_3$$

每台砂石車的最大積載量
6×10^{18} 個正的電子

以每秒內通過的砂石車台數來表示電流

14 載運砂石的觀念也可以用來說明歐姆定律

歐姆定律

在這個單元裡，將會探討電流與電壓之間的關係。如果直接談到結論的話，即「電流與電阻兩端的電壓差成正比」，這就是著名的「歐姆定律」，可以表示成「V（電壓）＝ R（電阻）×I（電流）」。前一單元裡以一台載運了許多電荷的砂石車來說明一安培的概念，這裡則反過來，以每一台只能載運一個正的電子的小卡車概念來探討歐姆定律。

由於正的電子所帶有的電荷量便是基礎電荷量，因此這裡的小卡車載運量就等於基礎電荷量。假設每台小卡車的載運量為 e，共有 n 台小卡車，其速度則為 v；在現實中以卡車來載運砂石時，這三個項相乘之後就是載運的總量，當其中任何一項變成兩倍時，載運的砂石量就會變成兩倍；而流經導線的電流也是一樣，運送的電荷總量是由 e、n、v 這三項數值所決定，亦即電流 I ＝ env（安培）。

接著再來探討讓電流變大的方法。每台小卡車的運載量已經固定為 e，此外電壓上升時，除了一些特例以外，小卡車的數量、也就是電荷的數量 n 並不會增加。因此，剩下的方法就只有「讓電荷的移動速度 v 隨著電壓而增加」。

當在一長度固定的電阻上施加電壓時，電壓除以電阻長度所得到的值便是「電場」，也就是對電荷施力的來源。這時候電場會與電壓成正比，所以讓電荷運動的力也就與電壓成正比。由於電荷會因為這個力量而逐漸地加速，而所有電荷的移動速度又是一定的，因此便還需要另一個可讓電荷減速的機制。也就是說，

由於電荷的速度與電壓成正比,因此當電壓下降時,必定還要有個把電荷的能量奪走的機制,這個機制將會在下個單元中說明。

用微觀的角度來考慮電流

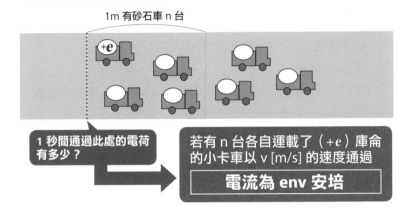

1m 有砂石車 n 台

1 秒間通過此處的電荷有多少?

若有 n 台各自運載了(+e)庫侖的小卡車以 v [m/s] 的速度通過

電流為 env 安培

電流與電壓成正比

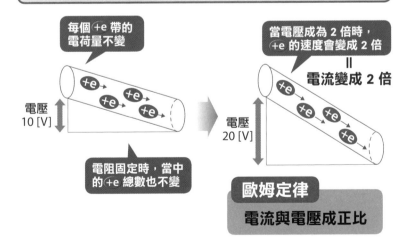

每個+e 帶的電荷量不變

電壓 10 [V]

電阻固定時,當中的 +e 總數也不變

當電壓成為 2 倍時,+e 的速度會變成 2 倍

=

電流變成 2 倍

電壓 20 [V]

歐姆定律

電流與電壓成正比

135

15 從電能到熱能

電子把能量傳給了原子

接著就來談談，控制電荷的移動速度、使其與電壓成正比的是什麼樣的機制。

當電子在物體中移動時，會同時與物體中的原子產生碰撞。假設電場為 E，且電子在一次碰撞到下次碰撞間沿著電場方向的移動距離為 λ；此時由於作用力的大小為 eE、距離為 λ，因此由（作用力）×（距離）＝（能量）的關係式，可知電子從一次碰撞到下次碰撞間由電場所獲得的能量為 eEλ。

就這樣，電子受到電場加速所得到的動能，可以在碰撞時傳遞給原子，而電子在碰撞後的速度則會回復到零。這就是歐姆定律這條簡潔式子的背後機制。其中 λ 被稱為「平均自由路徑」；像是在銅的結晶中，λ 的值大約是銅原子直徑的一百倍。

焦耳熱是從電荷的位能而來

由於電子會與物體中的原子產生碰撞，因此電子從電場中所得到的動能會轉變成原子的振動能。這就是產生「焦耳熱」的原因。

假設電阻兩端的電位差為 V，當 q 庫侖的電荷通過此一電阻時，會給予電阻一大小為 qV 的能量，使得其產生 qV 焦耳的熱。由於這個熱量是電荷 q 下降了電位差 V 之後所獲得，因此也可以說焦耳熱是由電荷的位能而來的。

若 t 秒內流經的電荷為 q，且當時的電流為 I 時，其關係式

便為：

$$q = I \quad t$$
（電荷）＝（電流）×（時間）

　　因此產生的焦耳熱就是「ItV」，亦即每秒有 IV 焦耳的熱能。這種單位時間內，也就是**每秒內所產生的熱量或是作功量**，就稱為「**電力**」，並且以「**瓦特＝ W**」為單位來表示。

不斷產生碰撞的電子

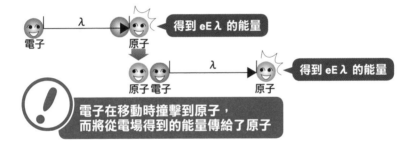

電位能所作的功

Column
5

電在傳送時會耗損！？

在日本，家庭中所使用的電壓雖然只有 100 伏特，但輸電線路上卻高達 10 萬伏特以上。為什麼會有如此大的差距呢？

發電廠是個把各種能量轉變成電位能的場所，也就是「製造出」電壓的地方。在使用電能時，電壓會依電位差的大小而發生「電壓降」的現象，而當電由發電廠輸送到其他地方時，同樣也會發生「電壓降」。

輸電線路本身就帶有一定大小的電阻，因此當電阻為 R 的輸電線路流過大小為 I 的電流時，就會發生 $V = RI$ 的電壓降，這時候輸電線路本身的耗電功率為 $V = RI^2$。要讓這個值變小就要降低 R 以及 I，但若要降低 R 的話必須把電線加粗，代價相當高昂。

既然如此，就只能從提高電壓以降低電流著手；幸運的是，只要利用變壓器就能很簡單地改變電壓大小。亦即，提高電壓就是為了要減少電在輸送過程中的耗損。

一般發電機所製造的電壓約為 1 萬到 3 萬伏特，而在輸送時則提高到五十萬伏特。即使如此，因為輸送而損失的電力還是有百分之五到六左右。如果以 100kW 的火力發電廠一年的營業額約兩千億日幣來計算，光是輸電上的損失就高達每年一百到兩百億日幣。

另一方面，由於電壓是電荷所在位置的高度，因此高電壓時施加於電荷上的力量也十分強大；也就是在高電壓之下，電流更容易流通。電流無法通過的絕緣物質雖然可以隔絕電的導通，但當電壓太高時，仍會因無法承受而損壞。

因此若日常生活中使用的電器也利用高電壓的話，不但容易因絕緣不佳而產生危險，也會提高電器在製造時的成本。這就是為什麼家庭使用的電壓會訂在 100 伏特（台灣為 110 伏特）的原因。

第**6**章

一窺電磁的世界

磁鐵的 N 極與 S 極
為何分不開？

● 「磁」是由電的流動所產生

　　電磁學是物理學中一個十分重要的領域，其重點在於學習電荷的移動所產生的電場與磁場間的交互關係。今日我們大概已經很難想像若把電的製造、輸送與使用抽離我們的生活中，會是什麼樣的情形，而這些都與電場、磁場的發生息息相關。在第五章裡已經提到了電是怎麼一回事，接著就來看看磁又是怎麼一回事。

　　就像電可以分成正與負一樣，磁也可以分成 N 極與 S 極。雖然正電荷與負電荷間的作用力非常大，但還是可以把正與負的兩個電荷分開來；然而，N 極與 S 極卻無法彼此分割。

　　無論把磁鐵棒切割得再小，甚至切割到分子大小的程度，還是不可能只從中單單取出 N 極或 S 極。這是因為磁是由電的流動所產生，無論磁鐵再小，當中依舊存在著電子。事實上，電子位於原子核四周的自旋狀態，就是「磁」的真面貌。

　　由於磁的 N 極與 S 極無法分開來，因此磁的產生源並非來自像「電荷」般有「磁荷」這種東西的存在；不過與電荷可以畫出發散與收斂的虛擬電力線類似，磁鐵也可以畫出從 N 極發散出去然後收斂到 S 極的虛擬「**磁力線**」。磁力線與電力線一樣，都是肉眼無法見到的假想曲線，磁性愈強的磁鐵，所發散出去與收斂回來的磁力線就會愈密集。

　　磁性不只能由磁鐵產生，之前所提到的電流一樣能產生磁性。

　　當電流通過導體時，其所產生的磁力線就如右頁下圖所示，

這些磁力線與磁鐵棒所產生的磁力線是相同的。而磁力線所延伸的範圍便稱做「磁場」。

簡而言之，磁是電的好朋友。但要特別注意一點，在磁場中受到作用力的是移動中的電荷。

N 極與 S 極分不開 !?

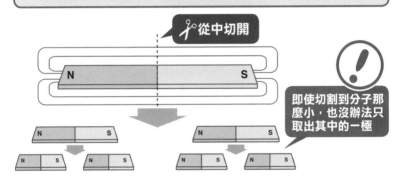

✂ 從中切開

即使切割到分子那麼小，也沒辦法只取出其中的一極

磁力線的方向（右手定則）

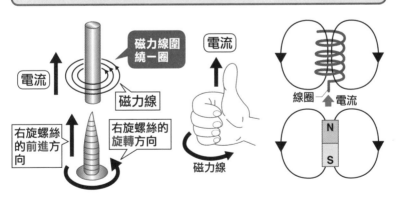

電流

磁力線圍繞一圈

電流

磁力線

右旋螺絲的前進方向

右旋螺絲的旋轉方向

磁力線

線圈 ← 電流

磁力可證明
移動中的物體會「縮小」

作用在於磁場中運動的電荷──勞倫茲力

　　磁力與電力雖然感覺上像是不同的東西，但是接下來看就可以發現，磁力其實是電力的一種變形。

　　在兩根導線中通入同方向的電流時，兩導線會彼此互相吸引。如右頁下圖的圖（a）所示，導線一與導線二分別形成了各自的磁力線，而由於兩者的磁力線在導線二上方處剛好方向相反，因此此處的磁力線會減弱（譯注：導線一的磁力線行進到導線一下方時方向為由右向左，導線二的磁力線在位於導線二上方時則為由左向右）；相反地，導線二下方的磁力線則會因方向相同而增強（譯注：距離較遠的導線一磁力線與導線二磁力線，在此處的方向都為由右向左），結果就會使導線二受到一個往上的作用力。之所以如此，就是因為「**勞倫茲力**」之故，這種作用力會作用在於磁場中移動的正電荷上，對了解電磁現象非常重要。

　　如果把磁場、力的方向、電荷的速度分別對應到相互垂直的大姆指、食指、中指上，就能容易地將這三者的關係連結起來。把這三者依字母的順序排列的話，分別是 B（磁場）、F（作用力）及 v（電荷的速度），其中電荷速度指的是正電荷的速度，因此若是討論電子時，方向就要反過來。記住這樣的概念，就可以不用刻意去背誦弗林明的右手定則。

靜電作用力的相對論效應

　　接下來，再以稍微不同的觀點來看看。下圖裡的導線一與導

線二雖然都是由原子所組成，但這些原子又可再拆解成「帶負電的電子」及「帶正電的離子」。圖（b）裡，當電流通過時，移動的是帶負電的電子，正離子則不動；其中電子的移動速度無論在導線一、二都相同。

但若「乘坐」在導線二裡的電子上時，導線一裡的電子看起來卻會像是靜止的，正離子則像是往右邊移動一樣，這和搭乘火車時，風景會往後方移動的道理相同。此外，在物理上有一個描述物體運動與時間及空間的關係的重要定理，叫做「相對論」。根據這個定理，對於觀測者來說處於運動狀態下的物體，看起來與靜止時相較之下會沿著移動的方向而逐漸變小（譯注：並會縮短其自身的距離）。亦即在前述中，導線一裡看起來像是靜止的電子與電子之間的距離不會變，但看起來像在移動的正離子之間的距離則會縮短，因此導線一中每公尺內的正離子數目看起來就會比電子的數目來得多。

如此從導線二看起來，導線一就像是帶了正電一樣，因此導線二的電子會受到導線一吸引。這是另一種解釋勞倫茲力的方式，也可以說磁力其實就是由電力的相對論效應而來的。

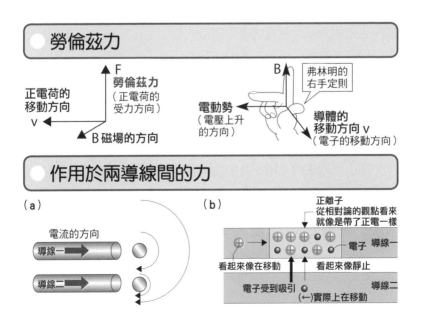

勞倫茲力

F
勞倫茲力
（正電荷的受力方向）

正電荷的移動方向
v

B 磁場的方向

B

弗林明的右手定則

電動勢
（電壓上升的方向）

導體的移動方向 v
（電子的移動方向）

作用於兩導線間的力

（a）

電流的方向

導線一

導線二

（b）

正離子
從相對論的觀點看來就像是帶了正電一樣

導線一

電子

看起來像在移動　　看起來像靜止

電子受到吸引
（←）實際上在移動

導線二

03 利用磁鐵來產生電

勞倫茲力與電磁感應

　　如果電流通過物體時，其周圍會產生磁場的話，那麼改變磁場能不能讓導線中產生電流呢？以這樣的想法為出發點，英國的物理學家法拉第證明了這樣的現象的確會發生，此即著名的**法拉第電磁感應定律**，也就是「**當磁場產生變化時，就會產生電場**」。換句話說，我們也可以把「讓電荷在磁場中運動」這件事，看成是「電荷不動，但周圍的磁場在改變」。

　　這樣一來，如果以移動中電荷的立場來看的話，就可以把143頁的圖解看成是因周圍磁場的變化產生了電場，才產生了勞倫茲力。也就是說，勞倫茲力其實是將電磁感應以幾何學角度所做出的另一種解釋。

　　首先，就像之前用電力線的密度來表示電場的強度一樣，在這裡也用磁力線的密度來表示磁場的強度。密度指的是每平方公尺的磁力線數目，而磁力線的總數則稱為「**磁通量**」。

　　當我們要估計居住於某地區的人口數時，可以用（人口密度）×（面積）來計算；同樣的道理，（磁通量）即等於（磁通量密度）×（面積）。

　　磁通量密度表示的是磁場的強度，單位為特斯拉 [T]。在日常生活中所用到的磁鐵，其磁場強度最強只有 0.1 特斯拉左右。

將慣性定律套用到電磁感應定律上

接下來便試著用慣性定律來說明因磁場變化而產生電場的現

144

象。

如下圖，假設有一個形狀固定的矩形導體（線圈），其中心的磁通量在很短的時間內減為了一半，一開始的磁通量為六條磁力線，在經過 △t 的時間後變成了三條。此時慣性定律開始發揮作用，為了維持原本的六條磁力線，線圈中就會產生電流以製造三條向上的磁通量。換句話說，當貫穿導體的磁場產生變化時，導體中會跟著產生電場，並施加作用力於導體中的電荷。

相反地，當三條磁通量突然增加為六條時，為了保持原本三條磁通量的狀態，線圈中就會產生電流以製造向下的磁通量。用來產生電的發電機組雖然構造上更加地複雜，但其基本原理便是如此。

磁場改變而產生電場

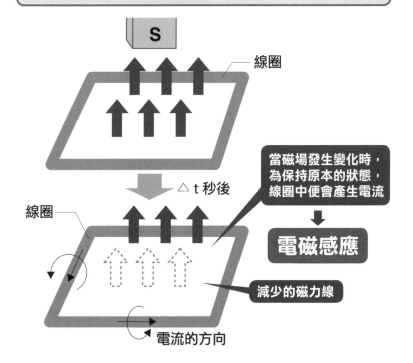

145

線圈會在磁場中儲存能量

 ## 線圈搖身一變成了電池！？

線圈擁有一項特性，可以很容易地增加往同方向流動的電流。當電流增加時，線圈中心的磁場會變得非常地強，如果此時突然改變了通過線圈的電流方向的話，會發生什麼事呢？

假設一開始的電流是向上流動，如果在接下來的一瞬間讓電流改為向下流動的話，此時的磁通量為了保持原有的電流流動方向，就會在線圈中形成向上的磁場。打趣地說就是你要他向右走，他就偏偏向左走的彆扭個性。這種當線圈中通入像是交流電般會急劇變化的電流時所產生的現象，就叫做「自感應」。

由於這種現象會妨礙電流的變化，對前一個單元的直流電路來說就像是「電阻」一樣。其強度稱為「自感」，通常以 L 表示。換句話說當流過線圈的電流產生變化時，線圈本身就會變成阻礙電流通過的電阻。

若每秒的電流變化為一安培，且其在線圈兩端所產生的電壓差為一伏特時，則自感的大小就會是一亨利 [H]。

也就是當電壓為 V、電流為 I 時：

$$V = L \frac{\Delta I}{\Delta t}$$

其中的 $\frac{(L \Delta I)}{\Delta t}$ 就是造成自感應的「自感電動勢」。

當在線圈中的電流開始往反方向流動時，電流會由零開始慢慢地增加，這時為了要讓電流能在線圈中流動，就必須要作功以克服自感電動勢。

若電流在時間 t 之內由零增加到 I，便可以假設平均的電流

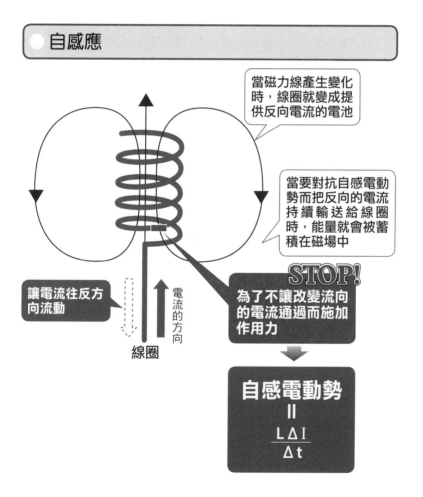

大小為 $(\frac{1}{2})$ I；而此時自感電動勢的大小為 $\frac{LI}{t}$，因此需要作的功就是：

$$(\frac{1}{2}) IVt = (\frac{1}{2}) I (\frac{LI}{t}) t = (\frac{1}{2}) LI^2$$

這裡的功就是儲存於線圈中的能量。這個式子和用來表示電容器中蓄積的能量大小的公式 $(\frac{1}{2}) CV^2$ 十分地類似，電容器是將能量儲存在電場裡，相對地線圈則是將能量儲存在磁場中。

自感應

當磁力線產生變化時，線圈就變成提供反向電流的電池

當要對抗自感電動勢而把反向的電流持續輸送給線圈時，能量就會被蓄積在磁場中

讓電流往反方向流動

電流的方向

線圈

STOP!
為了不讓改變流向的電流通過而施加作用力

自感電動勢
=
$\frac{L \Delta I}{\Delta t}$

即使沒有移動的電荷，電流還是存在！？

● 變壓器的原理與真空中的電磁場

接著要來探討一下當在真空中磁場改變時，還是依然會產生電場的現象。在右頁上圖（a）裡，鐵芯上纏繞了兩個線圈，其中左側的線圈可以讓電流通過或是切斷，而在這裡鐵芯的作用是要提高磁通量的大小。每次打開或切斷左側的開關時，都會改變鐵芯內的磁通量，而使得右側線圈產生電場而出現感應電流。此時當用來產生感應電流的電壓波形，如同第三章所提到的正弦波般會在正負間交互變化時，此電流便是所謂的「交流電」。這便是用來改變交流電壓大小的變壓器原理。

前面曾經提過，磁場的變化會產生電場，而電流的產生即是因導體中形成了電場——也就是電位差的緣故。但是，即使在導體不存在的情況下，做為電流產生來源的電場依然能夠存在，只是若旁邊剛好有導體時，導體內就會因電場而產生電流。

圖（b）所顯示的就是當沒有左側的線圈時，即使沒有可以讓電流通過的導體存在，依然會產生電場的樣子。

此外，右頁下圖的圖（a）是在平行並排的極板上通入直流電的樣子。上、下的極板會分別蓄積正、負電荷，如此雖然會產生大小固定的電場，但導線間和極板間都不會有電流通過。不過當通入交流電時，極板上所蓄積的電荷正負性質會隨著交流的半周期而改變，因此極板間的電場也會隨之改變。

這樣一來，即使電路中含有電容器，但只要施加的是交流電壓，電流依然可以通過。這時候雖然電容器的極板間事實上並沒有電荷的移動，但還是可以把這種現象看成是「電流的一種」，

稱為「**位移電流**」。「只要電場產生變化，即使實際上沒有電荷移動，依然會有電流通過」——這樣的概念非常重要。由於這種假想電流所擁有的性質幾乎與導體內所流動的真實電流一模一樣，因此極板間也會產生圍繞著這種假想電流的感應磁場。

最後，便可以藉此推演出電場的變化也會產生磁場，此即所謂的「**安培定律**」，也就是「**當電場發生改變時就會產生磁場**」。前面已經介紹過與此正好相反的法拉第電磁感應定律——「當磁場發生改變時就會產生電場」，換句話說，電場與磁場並非各自獨立的系統，而是可將其視為一個整體的「電磁場」。

● 電磁感應

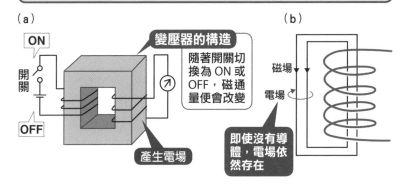

（a）

ON
開關
OFF

變壓器的構造
隨著開關切換為 ON 或 OFF，磁通量便會改變

產生電場

（b）

磁場
電場

即使沒有導體，電場依然存在

● 在極板間流動的電流

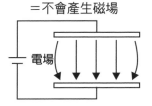

（a）直流
極板間沒有電流通過
＝不會產生磁場

電場

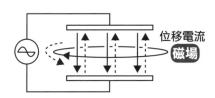

（b）交流

位移電流
磁場

電磁波
是由振動的電場所產生！

電磁波是什麼樣的波？

我們時常會聽到「電磁波」這樣的名詞，好像電與磁之間真的有些什麼關係的樣子，那麼電磁波究竟有些什麼樣的特性呢？

如果在電容器上通入交流電，極板間就會產生振動的電場以及磁場。也就是說，電場的變化會產生磁場，而這個磁場的變化又會再產生電場，如此一個接著一個地傳遞到離電場與磁場產生源頭的極板十分遙遠的地方，這就是電磁波。

圖（a）為電磁波由極板傳遞出去的樣子。當電容器通入交流電時，在極板間流動的位移電流是一種會定期改變流動方向的振動電流。電場 E_0 的變化產生環狀的磁場 B_1，磁場 B_1 的變化又會再產生新的電場 E_1，且這個新的電場同樣會環繞著磁場 B_1 成為環狀；由於電場 E_1 也是振動電場，因此其對應的假想電流，也會立即再產生磁場 B_2。此處 E_1 與 B_2 間的關係，與前一個單元中在電容器通入交流電時所產生的電場與磁場關係完全相同，只是一般而言變壓器上面所纏繞的線圈數目非常地多，使得自感非常大，要想通入頻率高的交流電非常困難，因此不容易產生電磁波。

就像這樣，一旦改變了電場與磁場，就會產生新電場與磁場的改變，因此會同時傳遞出電磁波，並且電場與磁場的方向會互相垂直。

簡單地說，要想產生電磁波就一定要製造振動磁場，而要得到振動磁場則需要有振動電場。一旦電場與磁場、也就是電磁波產生後，即使源頭消失了，電磁波依然可以繼續在空間中傳遞出

去。

　　此外，電磁波的傳遞速度與光一樣；又或者該這麼說，無論是光、電波、X 光或是伽瑪射線，其實全都是電磁波的一種。

● 電磁波的傳遞方式

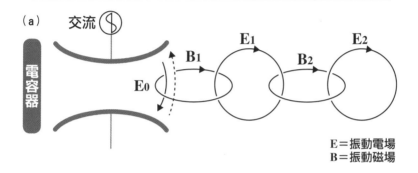

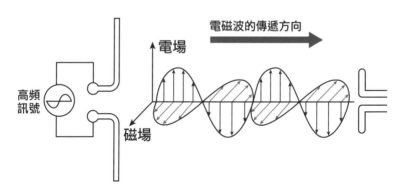

藉由勞倫茲力來了解馬達的作用原理

為何圓盤會因磁鐵而移動？

只要搞清楚電與磁的交互作用，就能夠了解藉由交流電而運作的馬達作用原理。

交流馬達的基本原理和圖（a）所示的「阿拉哥圓盤」的原理一樣，當位於圓盤（導體）下方的磁鐵往右方繞著移動時，圓盤也會像是被吸引般地往右旋轉。接著就來了解一下圓盤為什麼會這樣移動。

之前曾經提過，若讓右手的大姆指、食指以及中指互相垂直時，可以大姆指代表磁力線的方向，中指代表正電荷移動的方向，而食指則代表施力於正電荷上的勞倫茲力方向。

在圖（a）中，可以把磁鐵往右移動的情形看成是磁鐵不動而圓盤往左移動。假設其速度為 v，而圖（b）中磁鐵正上方以及左右附近的四處正電荷方向，就分別如圖中的四個 i 點所示。

這樣一來，圓盤中的電流就會形成如圖（c）中所示的**渦電流**，右側渦電流的下方會形成 N 極，左側渦電流的下方則形成 S 極。結果，磁鐵的右側會因為 N 極與 N 極相互排斥而受到推力，左側則因為 N 極與 S 極相互吸引而受到拉力，使得磁鐵被拖向圓盤移動的方向。

以上的敘述是假設一開始磁鐵為靜止，並從上往下看圓盤往左移動時的情形所得到的結果；當然若一開始是圓盤為靜止，而磁鐵往右移動的話，圓盤便也會一樣受到位於下方的磁鐵所牽引而移動。

阿拉哥圓盤

（a）

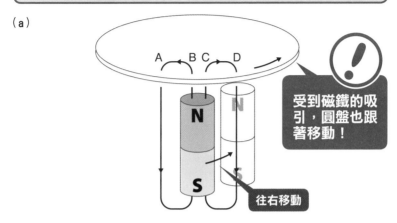

受到磁鐵的吸引，圓盤也跟著移動！

往右移動

（b）

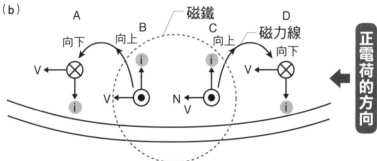

（c）　從上往下看圓盤時

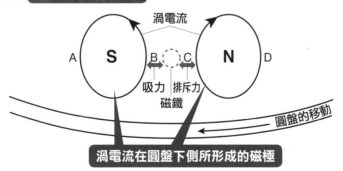

磁浮列車是如何前進的

○ 磁浮列車的運作原理

　　如果前一個單元裡的阿拉哥圓盤變成滾筒狀並同樣讓磁鐵轉動時，滾筒也會隨之轉動；即使磁鐵本身不轉，而是讓磁力線轉動時，滾筒同樣會隨之轉動。

　　於是，我們便像圖（b）般在滾筒內側裝上 A、B、C 三個彼此距離呈 120 度的線圈，並使 A、B、C 間為「**三相交流**」。如圖（c）所示，所謂三相交流是指 A、B、C 三個交流電源間，B 相對於 A 的正弦波電壓延遲了 50 分之 1 秒（一個週期）的三分之一（也就是 150 分之 1 秒），C 則相對於 A 的正弦波電壓延遲了三分之二個週期。

　　在加入了 A、B、C 三個交流電後，當 A 形成 N 極時，B 與 C 也會接著依序形成 N 極。由於是交流電，因此 A 在形成 N 極的 50 分之 1 秒的二分之一（即 100 分之 1 秒）以後，就會變成 S 極，而 B 與 C 也會依序形成 S 極，如此磁力線便會跟著 N 極與 S 極一起依照 A、B、C 的順序轉動，這樣子的磁場就叫做「**旋轉磁場**」。

　　三相交流除了可以藉由少量的輸電設備來輸送大量電力以外，能夠很容易地形成旋轉磁場也是其優點之一。此外，電流在轉子（譯注：馬達中會因電磁感應而轉動的部分）中是由滾筒左右兩側圓形面的其中一端流向另外一端，因此轉子並不一定要是滾筒狀。實際上，大多數小型交流馬達中所使用的轉子，都是由兩端為圓形面的棒狀導體所構成。

　　如圖（d）所示，如果把使用旋轉磁場的馬達切開攤平，然

後與之前相反般把轉子固定於下方，而相當於定子（譯注：馬達中相對於轉子為固定不動的部分）、即用來產生磁場的線圈那一側能夠自由移動的話，看起來就會像是把阿拉哥圓盤變成長方形並放置於下方，然後將好幾個磁鐵放置在上方，並且這些磁鐵的極性會隨時間而改變。這樣一來，當下方的導體不動時，上方的線圈就會隨著磁極的變化而移動，這就是磁浮列車的運作原理。

阿拉哥圓盤的變形

（a）

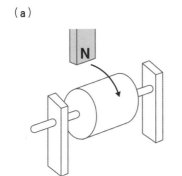

使用旋轉磁場的馬達

（b）

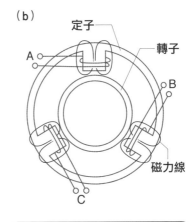

三相交流

（c）

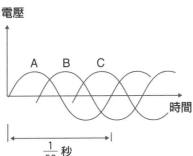

磁浮列車的原理

（d）

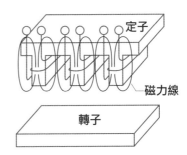

以電容器讓磁場旋轉！

以單相交流來形成旋轉磁場

只要把三相交流電直接通入馬達，就可以產生旋轉磁場，但是一般 100 伏特的家庭用電並非為三相交流電，而是以兩根電線來傳送的單相交流電。如此並無法直接產生旋轉磁場，但只要利用電容器的話，單相交流也可以形成旋轉磁場，這是因為通入電容器的電流位相會比電壓的位相提前 90 度的緣故。接著就要來看看把單相交流通入電容器時是什麼樣的情況。

施加於電容器上的電壓與電流的週期

當電容器上通入單相交流電時，在交流電的單個週期內會發生以下的現象。

首先假設時間為 0 時電路上方的電壓為 0，當電壓從時間為 0 開始上升時，電流會沿著右頁圖（a）裡的箭頭方向流動，使得電容器內開始累積電荷，換句話說就是正電荷蓄積使得電容器充電，這時候電容器的電壓也會隨著電源的電壓而逐漸上升。

但是，由於電容器逐漸充滿了電，電流也會慢慢地消失。過了時間 1 後，由於電容器的電壓高於施加電壓，因此電流會如圖（b）所示般沿著與圖（a）相反的方向流動。這種現象稱為「電容器放電」。

過了時間 2 後，負電壓開始施壓在已經完全釋放掉正電荷的電極上，使得負電荷開始逐漸累積。由於負電荷的移動方向與電流的方向相反，因此電流會繼續以與圖（b）相同的方向流動，

其結果就是使電容器進行了與圖（a）中相反的充電動作。

　　過了時間 3 後，電容器的電壓又再一次地高過了電源的電壓，因此電流開始以與圖（c）相反的方向流動，並且電容器放電。

　　於是，電流的波形就會如下圖所示，比電壓波形往左移動了四分之一個週期，此種現象即稱為「電流的位相比電壓的位相提前了 90 度」。如果把這種相位偏移後的電流與原本的電流一起送進馬達，就可以產生旋轉磁場。

● 因為電容器而形成的電流位相變化

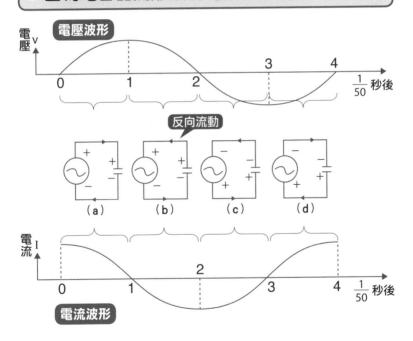

以微波爐來加熱食物

　　最近人們料理時會用到電的情況愈來愈多，在一般家庭中與電相關的加熱方式有三種。

　　第一種是把電能轉換成焦耳熱的「電阻加熱」方式，通常為利用渦卷狀的套管式加熱器。電暖桌裡頭的紅外線加熱器也是利用這樣的原理。

　　第二種是電磁爐所使用的「感應加熱」方式，即讓鍋底產生在 152 頁討論到「阿拉哥圓盤」時所提到的渦電流，並以其來加熱鍋具。此項原理是讓高頻的交流電通入線圈產生磁場，而讓磁力線通過鍋底。

　　第三種方式是微波爐中所使用的「誘電加熱」，為藉由施加交流電壓讓電場發生改變，使偶極子（正負電荷如啞鈴般分開的分子等）轉動而發熱。由於水分子本身就是相當大的偶極子，因此微波爐非常適合用來加熱含水量高的食物。微波爐所使用的是頻率高達 2450 兆赫的微波（波長為 10^{-6}m×2450 的電磁波）所產生的交流電場。

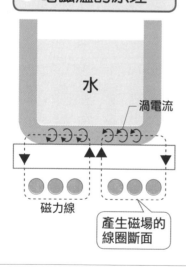

● 電磁爐的原理

水

渦電流

磁力線

產生磁場的線圈斷面

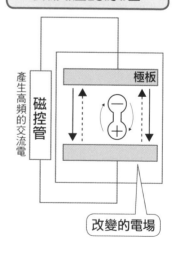

● 微波爐的原理

產生高頻的交流電

磁控管

極板

改變的電場

附錄

基本粒子的世界充滿趣味！

目前為止所提到的物理世界，
都是可以藉由日常生活中的經驗來說明的現象。
但是在邁入現代之後，
隨著人們對原子核等微觀世界的研究與進展，
單靠過去發展出來的那些定理，
已經無法正確地解釋在這樣微小尺度下的世界了。

因此，本書的最後便要來看看
構成物質的基本粒子究竟擁有些什麼樣的特徵。

光也具有粒子的特性

　　當固體的溫度逐漸上升時，除了顏色會慢慢由紅色轉變成黃色，光的強度也會逐漸增強（譯注：例如鐵塊加熱的情形）。像這樣的發光固體所發出的光的頻率，雖然似乎能無限制地不斷增加，但其實還是有一定的限度。人類一直到即將邁入二十世紀的時候，才能夠解釋為何會有這樣的現象，而這也是人們重新以粒子的觀點來審視整個物理世界的開端。

　　如果把「光」當成電磁波，則光就會具有頻率，並且可以將其與在一直線上進行簡諧運動（譯注：一種週期性運動）的物體振動視為是相同的，而進行這種振動的運動物體稱為「**一維諧振子**」。一維諧振子在每個可能的頻率下的能量大小都是（波茲曼常數 k）×（絕對溫度 T），這就是所謂的「**能量均分律**」，也就是無論其頻率為何，能量都會是相等的。換句話說，發光固體發出的各種頻率的電磁波，各自所擁有的能量大小都為 kT。由於 k ＝ 1.38×10^{-23} [J/K]（K 為絕對溫度的單位，參見 89 頁），因此溫度每上升 1℃時，每個波長的光都會同時增加 1.38×10^{-23} 焦耳的能量。

　　這樣一來，當頻率趨近於無限大時，即使 kT 本身是個有限的值，但所有的頻率合計起來的能量將會趨近於無限大；而且不管溫度是多少，發光的固體都應該可以發出像伽瑪射線這樣波長非常短的電磁波才對。但是在十九世紀時，古典物理學卻無法解釋為什麼從理論會推導出這些實際上違背了現實的結論。

後來，一位名叫蒲朗克的德國物理學家提出了一個想法，即把光當成是粒子（稱為「光子」），並且在導入一個常數 h 後，每個光子會擁有（h）×（頻率 v）的能量。常數 h 以他的名字命名為「蒲朗克常數」，大小為 $6.6260755 \times 10^{-34}$ [J/s]。

根據蒲朗克的想法，可以把「一個光子的能量大小」想成是「立方體的體積」，而在這裡我們將這種立方體叫做「基本立方體」。當「基本立方體」能量愈大時，體積也就愈大，同時每種不同頻率所分配到的能量大小依然是 kT。這樣一來，當光子的頻率 v 有各種不同的變化時，就會面臨一個問題：該如何把各種大小不同的「基本立方體」塞入大小為固定的容器（kT）裡。

其中能夠置入「基本立方體」的能量 kT，同樣也可將其視為立方體體積，這種容器叫做「接受容器」。也就是說，當「接受容器」的體積大小固定時，若要在當中放入各種體積不同的「基本立方體」時，會是什麼樣的情況呢？

要注意的是，實際上在三次元空間中的電磁波與一維諧振子並不相同，其每個頻率下的電磁波數量不只一個，而是與頻率 v 的平方成正比。也就是說，應該準備的「接受容器」數量要與頻率的平方成正比。

當 $hv < kT$ 時，（kT ／ hv）就是「接受容器」所能放入的「基本立方體」數量。如 162 頁的上圖所示，當 $hv = 1$，$kT = 125$ 時，由於「基本立方體」的體積為 1，「接受容器」的體積為 125，因此能量 kT 就會分配到 125 個光子。即使頻率 v 增加，只要滿足 $hv < kT$ 的條件，每個「接受容器」所能放入的能量大小都是 kT。而且由於所有「接受容器」的體積都相同，而「接受容器」的數量又與 v 的平方成正比，因

此總能量也會與 ν 的平方成正比。

　　當 hν 與 kT 的值大約相等時，由於「基本立方體」會相當地大，因此「接受容器」所能放進去的「基本立方體」數量就會變得很有限。當然，「接受容器」的數量還是會以 ν 的平方為比例增加，但由於這時候增加的每個「接受容器」中所能放入的能量也變少了，因此「ν 的平方」個「接受容器」裡所裝入的總合能量也會愈來愈少。

　　當 hν > kT 時，由於「基本立方體」已經比「接受容

能量等分配律

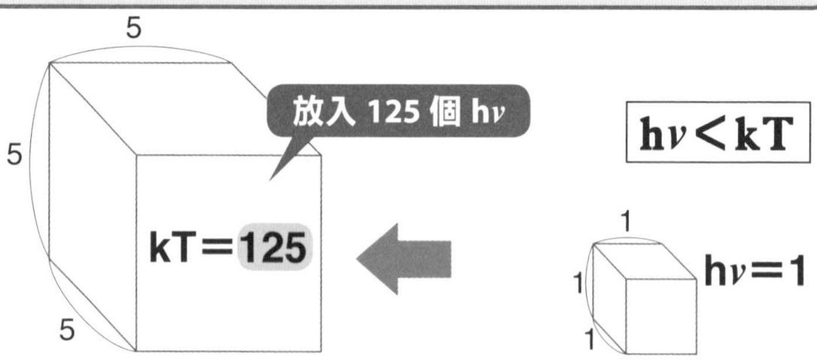

放入 125 個 hν

kT=125

5　5　5

hν＜kT

hν=1

1　1　1

能量均分律被破壞

kT＜hν

kT=125

5　5　5

hν=1000

10　10　10

無論 kT = 125 的容器數量再怎麼增加，都無法放入一個 hν = 1000 的光子

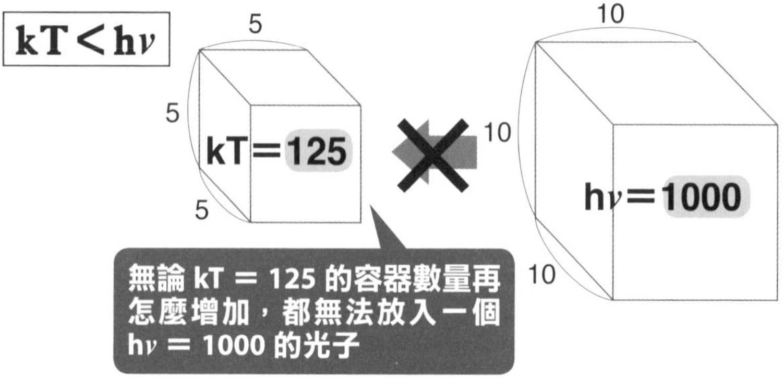

器」大而無法塞入其中，這時候無論準備了多少個「接受容器」，這種能量大小的光子都不可能存在。

要把這套推論套用到現實來說明時，就可以把高頻的伽瑪射線想成是一個擁有高能量的粒子，而大小為 kT 的容器當然不可能裝得進如此高能的粒子，如此便能解釋為何不會產生伽瑪射線了。而要接受這樣的推導，自然必須把光視為粒子。

蒲朗克就是藉由這樣的推論，巧妙地解釋了光的能量與頻率之間的特性。下圖是單位體積（也就是 1m³）內所含的光子其「各個波長的光子能量總和」（縱軸）隨著「各個波長的頻率」（橫軸）變化的情形。

這樣一來，就能夠說明以下的現象，亦即當固體持續地加熱，其在低溫時會放出波長較長、能量較小的紅光，當溫度提高後則會放出波長較短的紫光，整體來看則像是發著白光一般。此外，上述推導也說明了為何加熱固體時，不會放出像伽瑪射線這樣頻率極高的電磁波。

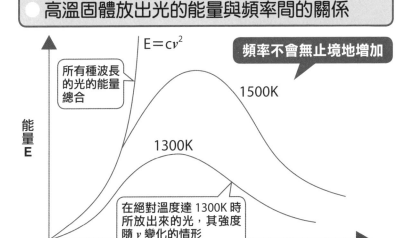

● 高溫固體放出光的能量與頻率間的關係

$E = c\nu^2$

頻率不會無止境地增加

所有種波長的光的能量總合

1500K

1300K

能量 E

在絕對溫度達 1300K 時所放出來的光，其強度隨 ν 變化的情形

頻率 ν

163

不接受分散能量的電子

　　若要說明光的粒子特性，最好的方式就是藉由「**光電效應**」。所謂光電效應是指當光照射金屬的表面時，電子會被擊出的現象，但若此時使用的是長波長的光線時，無論其亮度多高都無法將電子擊出，要將電子擊出的話就必須使用頻率高、波長短的光線。

　　舉例來說，若以功率為一瓦特的小燈泡在一公尺的距離外照射金屬表面，試圖使其放出電子時，則至少需要 3×10^{-19} 焦耳的能量。假設有一個半徑為 0.5×10^{-10}m 的原子，其表面全都受到來自小燈泡的光線能量照射，此時若要讓一個電子逸出，就必須要以小燈泡持續照射 2000 秒。但實際上，如果使用的是短波長的光線時，幾乎在受到照射的瞬間，電子就會被擊打出來。

　　要說明這樣的現象，就必須要想成電子可以一次接受大量積聚的能量；而能夠將能量積聚起來傳遞，正是粒子的特性。

　　在光電效應中，一個電子一次只能接受一個光子的能量，而無法一次同時接收兩個以上光子的能量。因此，即使一次讓大量的低能量光子與電子碰撞，也無法讓電子得到足夠的能量而逸出。

　　日常生活中能夠說明光是具有粒子特性的例子，還包括我們「可以看見夜空中的星星」這件事。可以看見夜空的星星（也就是恆星）似乎是很理所當然，但若是把光當成波動

來看的話，這就會變成一件不可能的任務。無論距離地球多麼近的恆星，其距離仍是遠得驚人，因此大部分來自恆星的光線投射到地球時，其單位面積上的能量都極為微小；而在短時間內從眼睛所進入的能量，若不足以刺激視網膜上的細胞分子，自然也就無法向大腦傳遞足夠的視覺訊號。換句話說，如果要能見到恆星，必須要有集中的能量可以激發視網膜分子中的電子才行（即使數量極少）。

光電效應

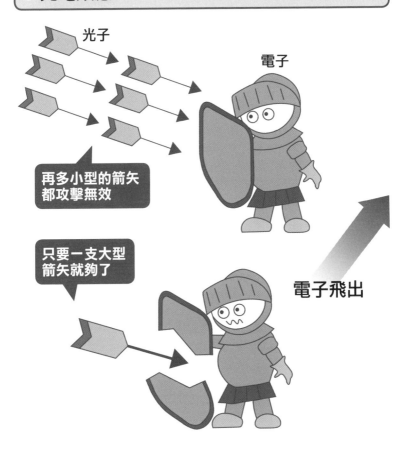

無論多麼巨大的物體都擁有波的特性

物理學家德布羅意曾提出了一個（能量）=（蒲朗克常數）×（頻率）的關係式，這個式子不但適用於光子，也能用在電子等粒子上。

在這裡，我們把動量設為 p，粒子的質量為 m，光速為 c，粒子的總能量為 E，粒子所形成的波的頻率為 ν，波長為 λ，蒲朗克常數為 h。對於光來說，p = mc，因此藉由質能互換的關係式 $E = mc^2$ 可得到如下的關係式：

$$p = \left\{ \frac{mc^2}{c^2} \right\} \cdot c = \left(\frac{E}{c^2} \right) \cdot c = \frac{E}{c}$$

再進一步代入 $E = h\nu$ 之後可得：

$$p = \frac{h\nu}{c} = \frac{h\nu}{\lambda\nu} = \frac{h}{\lambda}$$

當這個式子對於包括電子在內的粒子也成立時，動量為 p 的粒子就會具有波動性，其波長則為 $\lambda = \frac{h}{p}$。

若是利用數千伏特的電壓使電子加速以產生電子束，並使其波長接近於 X 光、且讓它撞擊於薄膜結晶上，此時所產生的繞射圖形就代表著干涉現象（參見 78 頁），便能夠以此證明電子具有波的特性。

在第三章裡已經提過被侷限在狹小空間內的波，其頻率是受限的。這也意味著原子內的電子所形成的電子波，在軌道上的波數必定為整數。

如果將以上論點從電子推展到所有的物質，將所有物質

視為與光一樣同時具備了波動性與粒子性的話，則物質的能量 E 便也可以用 E = hν 來表示。

$$\lambda = \frac{h}{p} = \frac{h}{(mv)}$$

由以上的關係式，可以計算出當一個體重為 66kg 的人以 1 [m/s] 的速度步行時，其波長 λ 會等於 10^{-35} m，是個非常非常小的值，這是因為蒲朗克常數 h 的值也很小，只有 6.63×10^{-34} [J/s]。但是，當質量為 1.67×10^{-27}kg 的氫原子以 0.3 [mm/s] 的速度移動時，就會擁有 1mm 左右的波長（以 [m/s] 為頻率 ν 的單位時，λ 為 0.0013m），這是由於質量小的物體較易顯現出波的特性之故。

● 物質的波動性

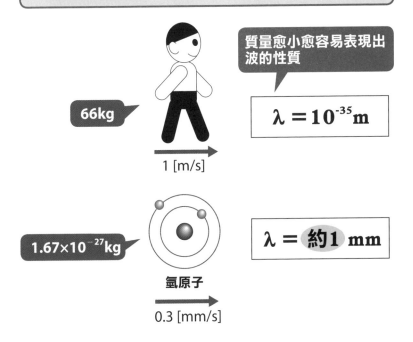

質量愈小愈容易表現出波的性質

66kg

1 [m/s]

$$\lambda = 10^{-35}m$$

1.67×10^{-27}kg

氫原子

0.3 [mm/s]

$$\lambda = 約1\ mm$$

兩者不可兼得——測不準原理

　　由於 E = hν，因此在計算光的能量時必須要先測量出頻率 ν；而要測量出頻率，則光最少要進行一整個波長的振動，也就是最少要振動一個週期；同時也意味著進行測量時，至少要有能讓光振動一個週期所需的時間。這樣一來，一旦測量時間不夠長的話，就無法求得能量。亦即，要測量光在某一段時間內的振動次數時，就會一直存在著對於一個完整波長（或說一次完整振動）的不確定性。

　　由於光的頻率即是將某時間內的振動次數除以該時間 t 所得到的值，因此在測量頻率時會產生 $\Delta\nu \cong \frac{1}{\Delta t}$ 的不確定性。其中的「$\cong$」符號是代表「大約相等」的意思。把這個式子套入一開始所提能量與頻率的關係式可得：

　　$\Delta E = h\Delta\nu \cong \frac{1}{\Delta t}$

　　之後可得到 $\Delta E \cdot \Delta t \cong h$。這個式子的意思是如果要正確地決定出能量的話，就無法正確地決定出時間。

　　此外，若把這個式子稍微變換為如下：

　　$\Delta E \cdot \Delta t = \left(\frac{\Delta E}{v}\right) \cdot (v\Delta t)$（譯注：此處的 v 為速度）

　　再藉由以下兩個式子：

　　$\left(\frac{\Delta E}{v}\right) = \Delta p$　以及　$(v\Delta t) = \Delta x$

就可以得到另一個用來表現不確定性的關係式：$\Delta x \cdot \Delta p \cong h$。這個式子意味著「如果想確定某粒子的動量的話，就無法確認其位置」，這就是所謂的「**測不準原理**」。在球面座標系之下，這個式子會寫成 $\Delta t \cdot \Delta E = \frac{h}{(2\pi)}$。

基本粒子
可以向上帝借用能量

$\triangle t \cdot \triangle E = \dfrac{h}{(2\pi)}$ 這個關係式所表示的是我們無法藉由 $\triangle E = \dfrac{h}{(2\pi \triangle t)}$ 來得知正確的能量。換個說法就是，能量守恆定律若在非常短的時間內是可以不成立的。

在前面一到六章裡，我們都把能量當成是恆久不變的，也就是當某一種類的能量減少時，一定會有另外一種能量增加了，而總能量則保持不變。

但在非常短的時間內（例如形成粒子所需的時間），能量守恆定律其實有一些彈性存在。這就好像是跟上帝商借一點能量一樣。不只如此，當借的時間 $\triangle t$ 愈短時，可以借到的金額（能量）就愈大；只不過，借了很多錢的基本粒子很快就會被迫把錢還回去。但是相對地，只要能夠商借的金額（也就是能量）夠大，則根據 $E = mc^2$，即使是質量很大的粒子，在短時間內便可以無視於能量守恆定律。

舉例來說，當原子核內的質子放出 π 介子（質子與中子間強作用力的媒介基本粒子）而變成中子時，π 介子本身的質量即違反了能量守恆定律，而根據之前得到與時間相關的不確定性關係式，該粒子容許存在的時間為：

$$\triangle t = \dfrac{h}{(2\pi \triangle E)} = \dfrac{h}{(2\pi mc^2)}$$

也就是說，離開質子的 π 介子只要能在這段時間內抵達別的中子，該中子就會把 π 介子吸收進來成為其強作用力的一部分。

169

　　此外在向上帝借來了能量 $\Delta E = \dfrac{h}{(2\pi\,\Delta t)}$ 的這段時間內（Δt），這個粒子便能夠越過以往其原本所擁有的能量並無法越過的高能障。

　　在我們日常使用的插頭上都覆蓋有一層絕緣的氧化物，而通過插頭的電子本身擁有的能量，並沒有大到足以使電子能在該絕緣物中移動。但是由於這層絕緣物非常地薄，因此電子還是能夠在時間 Δt 內通過，而不會阻礙到電流的流動。

　　此外，鈾的原子核會自然地放出氦的原子核，也就是阿法粒子。這種阿法粒子的能量雖然有 400 萬 [eV]（電子伏特），但是如下圖所示，其所需越過的能量障礙卻高達了 3000 萬 [eV]，因此這裡的阿法粒子同樣是在穿越障壁時借用了能量。

　　而與其說粒子是飛越過原本應該無法越過的障礙，感覺上則更類似於粒子像是變魔術般地穿過了障壁，因此這個現象便被稱為了「**穿隧效應**」，這種效應也是接下來要介紹的

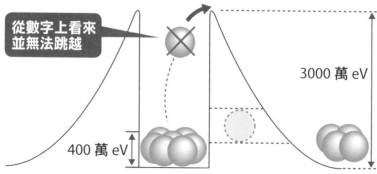

阿法粒子的穿隧效應

從數字上看來並無法跳越

3000 萬 eV

400 萬 eV

「穿隧顯微鏡」名稱的由來。

在距離金屬表面一段距離的地方，會出現一些像是「滲出來」而如雲一般的電子，距離金屬表面愈近的地方出現的電子就愈多。由於在距離表面遠的地方，只有能量較大的電子能夠存在，因此這種電子很快地就會被迫把借來的「錢」還回去，所以其數目較為稀少。如果針對某一瞬間來進行觀察的話，只有少數的電子能向上帝借到大量的能量，但如果要借的能量只有一點點，則很多的電子都能夠借到。

於是，當帶有正電位的尖銳鎢針接近到極為靠近金屬表面之處，然後沿著金屬表面移動時，針尖就可以吸引到數量上會對應其與金屬表面距離的電子。這和吸塵器的吸口愈靠近地板時所能吸入的灰塵就愈多的道理一樣。

在實際的穿隧顯微鏡中，是把針固定然後移動待測物。若將針尖所吸取到的電流幅度增強，再將電流的大小換算為金屬表面的高低，就能夠製作出金屬表面的細微地形圖。這種顯微鏡的倍率可以高達一億倍。

● 穿隧顯微鏡

把電子往上吸

帶有正電位的針尖 +

和電子吸塵器一樣

電子

金屬表面凸起的地方

測不準原理
使原子得以存在

　　在第三章裡已經提到過侷限於樂器中的波只能容許特定的波長，或說容許特定的頻率存在，這和兩端被固定的弦是一樣的。反過來說的話，就是當有特定的頻率存在時，就可以說其存在的空間是受到侷限的。在這種受侷限的空間裡，若以 ν 為最低的頻率時，則可能存在的頻率為 2ν、3ν、4ν 等與 ν 成整數倍者。此外，就算不是光，當某空間中有個以 $h\nu$ 為最低能量的波時，則擁有其整數倍能量的波都是可能存在的。

　　通常弦會有個最小的振動頻率 ν，相對於此在原子核周圍的電子所形成的駐波，也會有個最小的能量 $h\nu$。換句話說，當原子中的電子以 $h\nu$ 為最低能量時，擁有 $h\nu$ 整數倍能量的電子都可以存在。

　　當電子受到侷限時，其可能存在的空間大小就會受到相當的限制。根據測不準原理，這時候的電子必須擁最小的動量與最小的能量。

　　由關係式 $\triangle x \cdot \triangle p \cong h$ 來看，當周圍的電子靠近原子核時，「$\triangle x$ 會愈變愈小，而 $\triangle p$ 則愈變愈大」。當 $\triangle p$ 愈大時，電子也擁有愈大的「動能」。另一方面，由於帶正電的原子核與電子間會互相吸引，因此電子的「位能」在愈靠近原子核的地方就會變得愈小；結果，動能與位能合計為最小之處，就會是電子待得最舒適的位置，而這也是原子中的電子能量最低時的位置。

　　換句話說，由於電子愈靠近原子核電位能就愈小，因此若沒有測不準原理的話，則所有的電子就都會跑去與原子核靠在一起，然而真實的原子構造並非如此。

● 電子的能量與測不準原理

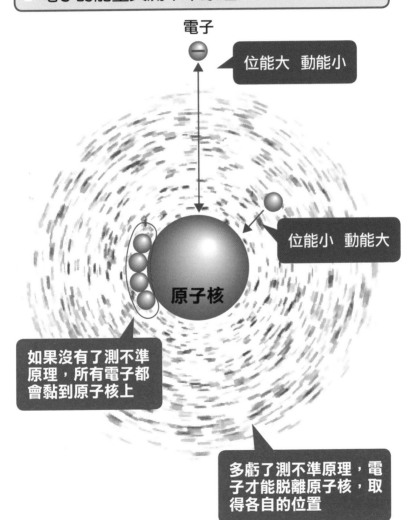

電子

位能大　動能小

位能小　動能大

原子核

如果沒有了測不準原理，所有電子都會黏到原子核上

多虧了測不準原理，電子才能脫離原子核，取得各自的位置

173

國家圖書館出版品預行編目資料

圖解物理學更新版 / 山田弘著；顏誠廷譯. -- 修訂3版. -- 臺北市：易博士文化，城
邦事業股份有限公司出版：英屬蓋曼群島商家庭傳媒股份有限公司城邦分公司發
行, 2024.03
　　面；　公分
譯自：エスカルゴ・サイエンス物理超入門
ISBN 978-986-480-355-2(平裝)
1.CST: 物理學
　330　　　　　　　　　　　　　　　　　　　　　　　　　　113000440

Knowledge BASE 119

圖解物理學【更新版】

原 書 書 名 原／エスカルゴ・サイエンス物理超入門
出版社企畫／日本実業出版社
作　　　　者／山田弘
譯　　　　者／顏誠廷
選　 書　 人／蕭麗媛
責 任 編 輯／蔡曼莉、孫旻璇、林荃瑋、黃婉玉
行 銷 業 務／施蘋鄉
總　 編　 輯／蕭麗媛

發　 行　 人／何飛鵬
出　　　　版／易博士文化
　　　　　　　城邦事業股份有限公司
　　　　　　　台北市南港區昆陽街16號4樓
　　　　　　　電話：(02)2500-7008　傳真：(02)2502-7676
　　　　　　　E-mail：ct_easybooks@hmg.com.tw
發　　　　行／英屬蓋曼群島商家庭傳媒股份有限公司城邦分公司
　　　　　　　台北市南港區昆陽街16號8樓
　　　　　　　書蟲客服務專線：(02)2500-7718、2500-7719
　　　　　　　服務時間：周一至週五上午0900:00-12:00；下午13:30-17:00
　　　　　　　24小時傳真服務：(02)2500-1990、2500-1991
　　　　　　　讀者服務信箱：service@readingclub.com.tw
　　　　　　　劃撥帳號：19863813　戶名：書虫股份有限公司
香港發行所／城邦（香港）出版集團有限公司
　　　　　　　地址：香港九龍土瓜灣土瓜灣道86號順聯工業大廈6樓A室
　　　　　　　電話：(852)25086231　傳真：(852)25789337
　　　　　　　E-MAIL：hkcite@biznetvigator.com
馬新發行所／城邦（馬新）出版集團 Cite (M) Sdn Bhd
　　　　　　　41, Jalan Radin Anum, Bandar Baru Sri Petaling, 57000 Kuala Lumpur, Malaysia.
　　　　　　　Tel：(603)90563833　Fax：(603)90576622
　　　　　　　Email：services@cite.my

視 覺 總 監／陳栩椿
美 術 編 輯／呂昀禾
封 面 構 成／陳姿秀
協 力 製 作／美樂蒂
製 版 印 刷／卡樂彩色製版印刷有限公司

ESCARGOT SCIENCE BUTSURI CHOU NYUMON © HIROSHI YAMADA 2001
Originally published in Japan in 2001 by NIPPON JITSUGYO PUBLISHING CO.,LTD.
Traditionl Chinese translation rights arranged with NIPPON JITSUGYO PUBLISHING CO.,LTD. through
AMANN CO.,LTD.

■2008年11月25日 初版
■2014年10月16日 修訂1版
■2019年12月17日 修訂2版
■2024年03月14日 修訂3版

ISBN 978-986-480-355-2

定價320元　HK$ 107

城邦讀書花園
www.cite.com.tw
Printed in Taiwan